U0436412

ZHONGGUO JIANZHU XUEHUI QINGNIAN JIANZHUSHI JIANG
HUOJIANGZHE ZUOPINJI

中国建筑学会青年建筑师奖
获奖者作品集

周畅 米祥友 主编

中国建筑工业出版社

前 言

为繁荣建筑创作，培养优秀的建筑设计人才，鼓励在建筑工程设计中勇于探索、脱颖而出的广大青年建筑师，促进建筑设计理念创新、技术创新，提升我国建筑设计的整体水平，中国建筑学会于1993年开始在全国范围内，组织开展"中国建筑学会青年建筑师奖"的评选活动。该奖项的设立得到了社会的普遍认可，特别是在青年建筑师中获得了强烈的反响，它对青年建筑师设计水平的提高与发展具有重要的推动作用，是一种发现人才的良好机制。

从历届评奖中涌现出的一大批优秀青年建筑师可以看出，他们在中外交流、不断实践、竞争进取的过程中逐步成长，他们奋战在第一线，许多人已成为重要工程项目的领军人物，是设计行业的一支生力军。从他们的业绩中不仅充分表现出其聪明才智和丰富的工程设计经验，而且令人欣喜地看到他们蓬勃向上的朝气和创新精神。从他们的作品中已经显示，很多设计从重视建筑与城市的关系，地域文化与环境、生态、可持续发展的关系，技术的发展与建筑文化的关系，发展到把技术问题与设计构思相结合，地域文化与现代科技和适用功能相结合，适宜技术与解决现实问题相结合等。相信通过青年建筑师奖评选的这个平台，能够推出更多更好的青年才俊，让本行业和社会对他们有更多的了解，使中国的现代建筑发扬光大，走向世界。

中国建筑学会青年建筑师奖的评选活动在20世纪90年代开展了4届，由于种种原因中间暂停了一些时间，自2004年开始该奖又重新启动。非常遗憾的是前4届青年建筑师的获奖作品都没有汇编成集，对青年建筑师的获奖作品失去了系统的记载。为了鼓励青年建筑师的创作热情和探索情深，进一步促进建筑设计的繁荣和发展，展示中国青年建筑师设计项目的创作理念和学术水平，交流青年建筑师近年来所取得的丰硕成果，让业内更多的专家、学者和相关科技人员能及时了解与领略青年建筑师的设计作品。我们将第五届、第六届中国建筑学会青年建筑师奖获奖者的主要设计作品分两大部分编辑成册，供广大读者、建筑设计者及业内相关人员收藏和在工作中参考。本书在编辑出版过程中，得到了中国建筑工业出版社第四图书中心的热忱支持和协助，在此谨表谢意。

周 畅 米祥友

2007年6月

目 录

关于开展"第五届中国建筑学会青年建筑师奖"评选工作的通知 2

第五届中国建筑学会青年建筑师奖申报及评审条例 3

第五届青年建筑师奖评选委员会名单 5

第五届中国建筑学会青年建筑师奖评选工作在京举行 6

第五届中国建筑学会青年建筑师奖评选委员会评委评述 8

第五届中国建筑学会青年建筑师奖获奖人员名单 10

第五届中国建筑学会青年建筑师奖获奖者作品实录 11

关于开展"第六届中国建筑学会青年建筑师奖"评选工作的通知 110

第六届中国建筑学会青年建筑师奖申报及评审条例 111

第六届中国建筑学会青年建筑师奖评选委员会名单 112

第六届中国建筑学会青年建筑师奖评选工作在京举行 113

第六届中国建筑学会青年建筑师奖评选委员会评委评述 115

第六届中国建筑学会青年建筑师奖获奖人员名单 118

第六届中国建筑学会青年建筑师奖获奖者作品实录 119

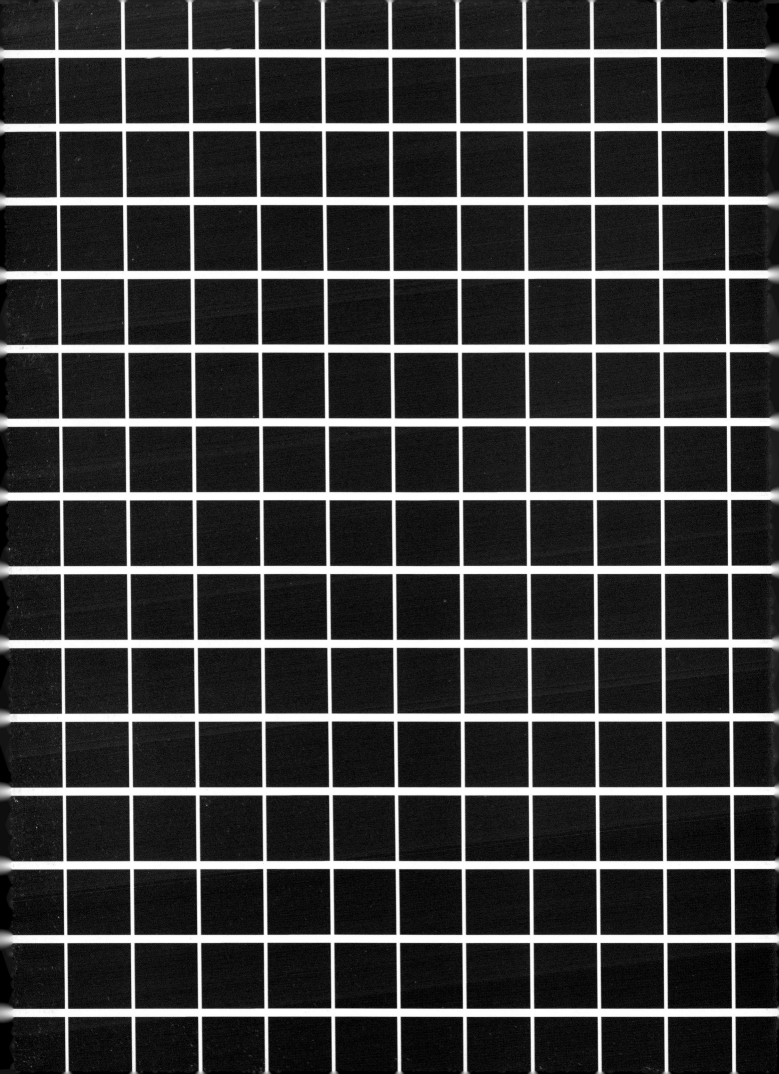

关于开展"第五届中国建筑学会青年建筑师奖"评选工作的通知

各有关单位：

"中国建筑学会青年建筑师奖"评选活动自1993年开展以来，促使一批优秀青年建筑师脱颖而出，得到了社会的认可。"青年建筑师奖"的设立，是一种发现人才的良好机制，它对青年建筑师设计水平的提高与发展具有重要的带动作用。为了进一步培养优秀建筑设计人才，鼓励青年建筑师的创作热情和探索精神，进一步促进建筑设计的繁荣与发展，提高青年建筑师的理论与创作水平，中国建筑学会研究决定于2004年组织开展"第五届中国建筑学会青年建筑师奖"的评选工作。

"中国建筑学会青年建筑师奖"是我国青年建筑师的最高荣誉奖之一。依据《中国建筑学会青年建筑师奖申报及评审条例》的规定，该奖项的产生，采取由单位提名推荐与个人申报相结合，然后由专家评审委员会进行评审的办法进行。为此，请申报者严格遵照《中国建筑学会青年建筑师奖申报及评审条例》中规定的申报条件及要求，填写（电脑操作打印）申报书一式三份以及报送个人作品资料和获奖项目证明材料各一套，并经所在单位审定和签署意见后，于2004年6月30日前报送中国建筑学会。

本届申报者年龄限定为25~35周岁（1968年12月31日~1978年12月31日），申报者提交材料时，需同时提交本人身份证复印件一份。

为搞好申报及评选工作，现将中国建筑学会制定的《中国建筑学会青年建筑师奖申报及评审条例》印发给你们，请认真贯彻执行。

联系地址：北京市三里河路9号中国建筑学会学术部
邮政编码：100835
联 系 人：米祥友　王　京
联系电话：(010)88082240　　(010)88082242
传　　真：(010)88082243
电子信箱：xsb@chinaasc.org

中国建筑学会
2004年3月11日

第五届中国建筑学会青年建筑师奖申报及评审条例

第一条 为了培养优秀建筑设计人才，鼓励在建筑设计中勇于探索、脱颖而出的广大青年建筑师，进一步促进建筑设计的繁荣和发展，提高青年建筑师的理论与创作水平，中国建筑学会决定在全国范围内设立"中国建筑学会青年建筑师奖"。

第二条 中国建筑学会青年建筑师奖为设计领域中中国青年建筑师的最高荣誉奖，通过评选活动，表彰在建筑创作设计中作出突出成就的青年建筑师。该奖每两年举办一次，每次奖励人数不超过30名。

第三条 申报范围：申报人必须同时具备下述条件。

1. 热爱祖国，德才兼备，全面发展，有为振兴中华，献身于建筑事业的精神。

2. 从事建筑设计工作三年以上，年龄在25至35周岁内，具有中级或中级以上职称的建筑设计、教学、科研人员。

3. 中国建筑学会或本会地方学会会员（非会员者可以同时办理入会手续）。

第四条 申报条件（资格）：申报人还必须具备下述任意一款条件。

1. 在建筑设计中有创新和发展，具有国内外先进水平。

2. 主持或指导过国家重大工程建筑项目设计，具有突出的贡献。

3. 在理论和学术研究中，取得重要成果，促进了学科发展水平。

4. 曾荣获过国家级科技成果、科技进步奖或省（部）级的重要奖项。

第五条 申报程序和要求：

1. 符合本条例申报范围和申报条件的人员，应按规定内容填写《中国建筑学会青年建筑师奖申报书》（以下简称"申报书"）一式三份，提供个人作品资料和获奖项目证明材料各一套（按A3标准装订成册）。经所在单位审定并签署意见后，应于申报通知要求的时间内，报送中国建筑学会学术部"青年建筑师奖"评审办公室。鉴于评审工作的需要，并另提供介绍申报者的演示光盘（5分钟内）。

2. 在申报人所填的申报书栏目中，应有申报人员所在单位（或相应组织）签署意见，向本奖评审委员会推荐，同时加盖申报人单位公章。

第六条 每一申报请奖人应缴纳相应数额的评审费，具体费额以每届评选通知的规定为准，评审费应与报送申报书及相关材料同一时间内汇到我会指定的银行账户。

第七条 评审程序：

1. 申报工作截止后，由中国建筑学会学术部负责对申报者进行注册和参评资格预审。待预审完成后应将意见和资料提交给评审委员会。

2. 评审委员会依据本条例的申报条件，首先对申报人及有关项目进行核实，认真观看演示光盘和阅读参评材料，写出初审意见；而后评审委员会再根据评议意见进行协商、讨论和筛选，提出候选名单；遵照公开、公正和公平的评审准则，在候选名单的基础上，严格依照标准进行把关，最后通过无记名投票的方式，确定最终获奖名单，并写出审定意见。

第八条 评审委员会应由学会领导和本学科著名的专家组成。评审委员会人数一般为9至11人，其中主任委员应由学会的正、副理事长担任。

申报该奖项者不能进入评审委员会。同一单位进入评审委员会的成员不宜超过1人。

第九条 获奖人员于表彰前应在中国建筑学会网站或其他媒体上向社会和业界进行公示。

第十条 奖励方式：

1. 在中国建筑学会组织的会议上颁发荣誉证书和奖牌。

2. 在《建筑学报》和有关报刊网站上公布获奖人员名单及介绍获奖人员的作品。

3. 通知获奖者所在的工作单位。

第十一条 资金来源：报名费和国内外企业的捐助。

第十二条 本条例的解释权属中国建筑学会；该条例自2004年1月1日起实施。

第五届青年建筑师奖评选委员会名单

主任委员

马国馨　中国建筑学会副理事长、北京市建筑设计研究院总建筑师、中国工程院院士、全国建筑设计大师

委　员

张锦秋　中国建筑学会副理事长、中国建筑西北设计研究院总建筑师、中国工程院院士、全国建筑设计大师

何镜堂　华南理工大学建筑设计研究院院长、总建筑师、中国工程院院士、全国建筑设计大师

魏敦山　上海现代建筑设计集团有限公司顾问总建筑师、中国工程院院士、全国建筑设计大师

胡绍学　清华大学建筑设计研究院总建筑师、教授、博士生导师、全国建筑设计大师

崔　恺　中国建筑学会副理事长、中国建筑设计研究院总建筑师、全国建筑设计大师

周　畅　中国建筑学会秘书长、教授级高级建筑师

曹亮功　中元国际工程设计研究院首席总建筑师、教授级高级建筑师

周　恺　天津大学建筑学院教授、华汇工程建筑设计有限公司董事长、总建筑师

第五届中国建筑学会青年建筑师奖评选工作在京举行

为了更好地培养优秀建筑设计人才，鼓励青年建筑师的创作热情和探索精神，进一步促进建筑设计的繁荣与发展，提高青年建筑师的理论与创作水平，中国建筑学会于2004年组织开展了"第五届中国建筑学会青年建筑师奖"的评选工作。该奖是我国青年建筑师的最高荣誉奖。截止到本届奖项申报工作的规定时间2004年6月30日，奖项办公室共收到全国各有关单位报送的青年建筑师65人，除其中1人因年龄比规定超出3个月外，其他64人均已纳入评选对象。

本届奖项评选工作于2004年8月23日至24日在北京香山饭店举行。评选委员会有9位建筑界著名专家组成。中国建筑学会副理事长、北京市建筑设计研究院总建筑师、中国工程院院士、全国设计大师马国馨担任评选委员会主任，委员有中国建筑学会副理事长、中国建筑西北设计研究院总建筑师、中国工程院院士、全国设计大师张锦秋；华南理工大学建筑设计研究院院长、总建筑师、中国工程院院士、全国设计大师何镜堂；上海现代建筑设计集团有限公司顾问总建筑师、中国工程院院士、全国设计大师魏敦山；清华大学建筑设计研究院总建筑师、教授、博士生导师、全国设计大师胡绍学；中国建筑学会副理事长、中国建筑设计研究院总建筑师、全国设计大师崔恺；中国建筑学会秘书长、教授级高级建筑师周畅；中元国际工程设计研究院首席总建筑师、教授级高级建筑师曹亮功；天津大学建筑学院教授、华汇工程建筑设计有限公司董事长、总建筑师周恺。评审工作严格遵照公开、公正和公平的评选原则。评委会对申报书和申报材料进行了认真的阅读和评议，对所完成的项目进行了核实，依据评委的评议意见并进行了广泛的讨论，最后通过无记名投票的方式，确定王祎等24位青年建筑师为此次评选的获奖者（见本次奖项的获奖者名单）。该获奖者名单将在网上进行一定时间的公示后，即作为第五届中国建筑学会青年建筑师奖获得者。

此届青年建筑师奖的评选是在时隔近8年后的又一次评选，在我国城市化和建筑事业的飞速发展中，青年建筑师正在中外交流、不断实践、竞争进取的过程中逐步成长，他们奋战在第一线，许多人已成为重要工程项目的领军人物，是设计行业的一支生力军，从他们的业绩中，不仅能看到已具有丰富的工程设计经验，而且令人欣喜地看到他们蓬勃向上的朝气和创新的精神，他们的业绩已充分表现出他们的智慧和才华。相信通过青年建筑师奖评选的这个平台，能够推出更好的青年才俊，让本行业和社会对他们有更多的了解，使中国的现代建筑创作发扬光大，走向世界。当前我国建筑创作处于一个黄金时代，机遇与挑战共存，专家们期望年轻的建筑师虚心学习，扎扎实实打好基本功，把握正确的创作方向，在实践上提高，为创作更多有中国特色的现代建筑而努力拼搏。

评委们还认为，从这次评奖活动看到了中国青年建筑师没有辜负这个蓬勃辉煌的时代，不论是从创作能力、设计思路还是勤奋敬业等方面看，都涌现了很多的优秀人才，他们以自己的优异成绩，证明他们的创新能力、实践精神和勇于进取的意志。本届青年建筑师奖的参与意识强烈，广大青年建筑师积极响应、踊跃参与、态度严肃，申报材料认真规范，具有较高的学术参考价值。可见我国宽松的建筑创作环境为青年建筑师的成长提供了良好的土壤。

与会评委祝贺获奖者，希望他们再接再励，不负众望作出更大的成绩，同时也赞赏未获奖者的进取精神，希望在下次青年建筑师奖评选时看到他们以新的成绩再次申报。评审会议还认为，由于种种因素，本届青年建筑师奖的申报范围不太均衡，希望下一届能有更广泛的申报面，欢迎内地及中小型设计单位和事务所的青年建筑师积极参与。

第五届中国建筑学会青年建筑师奖评选委员会评委评述

●北京市建筑设计研究院总建筑师、中国工程院院士、全国建筑设计大师**马国馨**：

本次青年建筑师奖的评选是相隔7~8年后的又一次评选，在我国城市化和建筑事业的飞速发展中，青年建筑师正在中外交流、不断实践、竞争进取的过程中不断成长，逐渐成为设计行业的一支生力军，并表现出他们的智慧和才华，相信通过青年建筑师评选的这个平台，能够推出更多的青年才俊，使本行业和社会对他们有更多地了解，使他们为中国的现代建筑的发扬光大，走向世界，发扬自己的聪明才智。

●中国建筑西北设计研究院总建筑师、中国工程院院士、全国建筑设计大师**张锦秋**：

参加这次青年建筑师奖评选活动，心情格外开朗。我看到了中国青年建筑师没有辜负这个蓬勃辉煌的时代，他们以自己的优异成绩证明了他们的创新能力、实践精神和敬业勤奋的意志。我祝贺获奖者，希望他们再接再厉，不负众望，作出更大的成绩，我也赞赏未获奖者的进取精神，希望在下一次青年建筑师奖评选时看到他们以新的成绩再次申报；我更希望下一次有更广泛的申报面，内地的，中小设计单位的建筑师加油！

●华南理工大学建筑设计研究院院长、总建筑师、中国工程院院士、全国建筑设计大师**何镜堂**：

很高兴参加这次青年建筑师奖的评选。在我国，青年建筑师已逐渐成为建筑创作的主干力量，这是我国建筑行业发展的希望所在，当前我国建筑创作处于一个黄金时代，机遇与挑战共存，专家们期望年轻的建筑师虚心学习，扎扎实实打好基本功，把握正确的创作方向，在实践上提高，为创作更多有中国特色的现代建筑而奋斗。

●上海现代建筑设计集团有限公司顾问总建筑师、中国工程院院士、全国建筑设计大师**魏敦山**：

通过这次青年建筑师评奖工作，看到我国在建筑设计行业的新生力量，不论在创作能力、设计思路、工作勤奋等多方面涌现出不少优秀人才，非常高兴，对促进建筑设计的繁荣和发展，提高青年建筑师的理论与创作水平，能起到一个积极作用。希望以后把这项工作正常的开展，加强宣传，加强组织、交流，让更多的青年建筑师的优秀人才，发掘起来，促进我们的建筑事业兴旺发达。

●清华大学建筑设计研究院总建筑师、教授、博士生导师、全国建筑设计大师**胡绍学**：

通过这次"中国建筑学会青年建筑师奖"的评审，我欣喜地看到许多有为的青年建筑师已成为我国建筑领域的中坚力量，他们战斗在第一线，许多人已成为重要工程项目的领军人物，从他们的业绩中，不仅能看到他们已具有丰富的工程设计经验，而且令人深刻地看到他们蓬勃向上的朝气和创新的力量。青年建筑师是中国建筑界的希望。

●中国建筑设计研究院总建筑师、全国建筑设计大师**崔恺**：

为了参加第五届中国建筑学会青年建筑师奖的评选，我又来到早已熟悉的香山饭店。清晨偷闲在庭园中漫步，再一次重温这淡雅、诗意的空间。树又长高了，竹子也弯了腰，墙上的地锦已爬上了窗棂，地上精美的卵石席纹铺地的缝中也滋生出一层细细的绿苔。而建筑呢，墙皮斑驳，木漆剥落，时间的痕迹使它略显出老态和寂寞的伤感。

在这种别样的心境里，我翻动着、欣赏着一本本装帧精美的青年建筑师的作品集，建成的和未建成的无不跃动着青年们的梦想和激情，无不反映出这火热的建设年代，当然也反映出国际建筑潮流的影响和时尚化语汇的流行。在这种视觉的反差中，我有点感悟，也有些期待，也许在这浮华盛世中忙碌的我们，也别忘了保存一份静谧的心境。

●中国建筑学会秘书长、教授级高级建筑师**周畅**：

本次青年建筑师奖是中国建筑学会从1998年以后第一次恢复评选，我认为评选非常成功，其特点表现为以下几个方面：

1. 请奖人员都是活跃在设计一线的青年建筑师，在短短的几年时间内，这批年轻建筑师就已经承担了非常重要的设计工作，说明青年建筑师在我国现代化城市建设中正发挥着越来越重要的作用。

2. 从年轻建筑师们申报的项目来看，都有相当高的水平，可见我国的建筑创作氛围和创作环境为青年建筑师的成长提供了良好的土壤。

3. 青年建筑师的参与意识强烈，角逐青年建筑师奖的年轻建筑师的申报材料非常认真规范，具有较高的学术内容和参考价值。

愿青年建筑师奖越办越好，也希望能看到越来越多的青年建筑师的设计作品。

●中元国际工程设计研究院首席总建筑师、教授级高级建筑师**曹亮功**：

青年建筑师们的勤奋和创作追求，表达了我国建筑创作未来的希望，既融入了当今世界时尚和技术的影响，又能看到中国或所在地域的特性。希望能再加强资源观念，一同来关注资源的可持续利用，关注民族的未来。

●天津大学建筑学院教授、华汇工程建筑设计有限公司董事长、总建筑师**周恺**：

在我国高速建设的当前，需要建筑师以旺盛的热情投入创作，同时务实而专注的心态亦不可少。评审中，某些青年建筑师对方案的深化能力及对工程的完好控制，给我留下了很深的印象。

第五届中国建筑学会青年建筑师奖获奖人员名单

王 祎	中旭建筑设计有限责任公司
叶长青	浙江大学建筑设计研究院
卢志刚	华东建筑设计研究院有限公司
叶依谦	北京市建筑设计研究院
刘 斌	中国建筑西北设计研究院四所
祁 斌	清华大学建筑设计研究院
刘宇波	华南理工大学建筑设计研究院
宋海林	清华大学建筑设计研究院
周 凌	南京大学建筑研究所
郭卫宏	华南理工大学建筑设计研究院
柴培根	中国建筑设计研究院
谢 强	北京市建筑设计研究院
曾笑钢	中元国际工程设计研究院
王 戈	北京市建筑设计研究院
王文胜	同济大学建筑设计研究院
吴 杰	同济大学建筑设计研究院
李兴钢	中国建筑设计研究院
崔海东	中国建筑设计研究院
王 军	中国建筑西北设计研究院
刘 淼	北京市建筑设计研究院
杨易栋	浙江大学建筑设计研究院
朱 明	广东省高教建筑规划设计院
徐全胜	北京市建筑设计研究院
曲 冰	哈尔滨工业大学建筑设计研究院

注：按得票数及姓氏笔画排列

第五届中国建筑学会青年建筑师奖获奖者作品实录

中国建筑学会青年建筑师奖获奖者作品集

Wang Yi 王祎

姓　　名：王祎
性　　别：男
出生日期：1970年7月12日
工作单位：中旭建筑设计有限责任公司
职　　称：建筑师

个人简历（从大学起）
1994年：清华大学建筑系本科毕业，建筑学学士。
1994年~1997年：中国建筑设计研究院一所，建筑师。
1997年~1998年：中国建筑设计研究院－中旭建筑设计有限责任公司，建筑师。
1998年~2001年：中国建筑设计研究院－中旭建筑设计有限责任公司，建筑组组长，建筑师。
2001年~2002年：中国建筑设计研究院－中旭建筑设计有限责任公司，建筑部经理，主任建筑师。
2001年/10月：通过国家一级注册建筑师资格考试，获得资格证书。
2002年/10月至今：中国建筑设计研究院－中旭建筑设计有限责任公司，建筑部经理，副总建筑师。

主要工程设计作品
外语教学与研究出版社办公楼二期工程　国家第九届优秀工程设计铜奖（2000年）；
建设部部级城乡建设优秀勘察设计（2000年）二等奖；
建设部直属单位优秀建筑设计（1999年）一等奖；
20世纪90年代"北京十大建筑"（2001年）；
长城杯奖工程（2001）第7名。
北京外国语大学逸夫教学楼工程：中国建筑艺术奖公共建筑类（2003年）评委奖；
北京市优秀工程设计（2003年）（第十一届）二等奖；
建设部部级城乡建设优秀勘察设计（2003年）二等奖；
逸夫先生赠款优秀工程（2002年）二等奖；
北京香山滑雪场总体规划及服务中心工程：建设部直属单位优秀建筑设计（1999年）三等奖；
中国人民大学多功能体育馆工程：北京市优秀工程设计二等奖（2003年）（第十一届）二等奖；
建设部部级城乡建设优秀勘察设计三等奖（2003年）三等奖；
中国民航总局办公楼加固整修工程：
2001年度中国建筑设计研究院施工图设计奖（建筑专业二等奖）（综合三等奖）。

中国人民大学多功能体育馆外立面

012

中国人民大学多功能体育馆正立面

中国人民大学多功能体育馆内景

中国民航总局办公楼外立面

中国民航总局办公楼门厅

中国民航总局办公楼模型

外语教学与研究出版社办公楼二期工程内景之一

外语教学与研究出版社办公楼二期工程内景二

外语教学与研究出版社办公楼二期工程外立面局部

北京外国语大学逸夫教学楼工程外立面　　北京外国语大学逸夫教学楼工程内景

北京外国语大学逸夫教学楼工程外景

北京外国语大学逸夫教学楼工程会议室

Ye Changqing 叶长青

姓　　名：叶长青
性　　别：男
出生日期：1973年10月21日
工作单位：浙江大学建筑设计研究院
职　　称：建筑师

个人简历（从大学起）
1991年～1996年：浙江大学建筑系本科。
1996年～1999年：浙江大学建筑系硕士。
1999年至今：浙江大学建筑设计研究院工作。

主要工程设计作品
缙云博物馆暨李震坚艺术馆：教育部城乡建设优秀勘察设计（2003年）一等奖；
建设部部级优秀勘察设计（2003年）二等奖。
绍兴文理学院新区：浙江省建设工程钱江杯优秀设计（2004年）二等奖。

缙云博物馆暨李震坚艺术馆日斜粉墙

缙云博物馆暨李震坚艺术馆序厅

缙云博物馆暨李震坚艺术馆挑台、平桥及远山

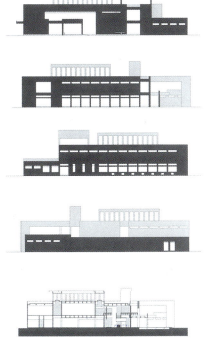

缙云博物馆暨李震坚艺术馆立面与剖面图

缙云博物馆暨李震坚艺术馆西南景观

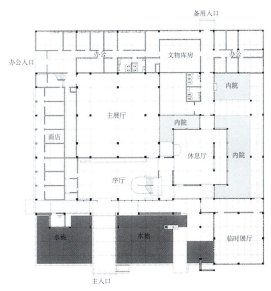

缙云博物馆暨李震坚艺术馆平面图

缙云博物馆暨李震坚艺术馆平面图

绍兴文理学院新区主入口门廊

1 行政科研楼
2 医学院教学楼
3 医学院实验楼
4 行政综合楼
5 元培学院教学主楼
6 学生宿舍
7 学生食堂
8 其他用房
9 入口广场
10 元培学院教学广场
11 医学院教学广场
12 中心广场
13 生活广场
14 田径场
15 看台
16 球场
17 待发展教学楼(二期)
18 专家楼(二期)
19 科学馆(二期)
20 游泳池(二期)

绍兴文理学院总平面图

绍兴文理学院主入口

绍兴文理学院医学院教学楼

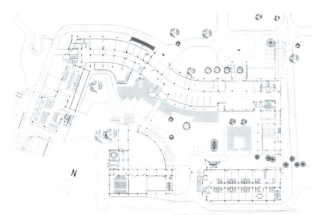

浙江省老年大学某楼一层平面

浙江省老年大学鸟瞰

浙江省老年大学水院

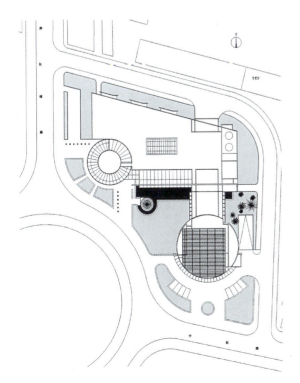

丽水电力生产调动中心总平面

丽水电力生产调动中心西南效果

Lu Zhigang 卢志刚

姓　　名：卢志刚
性　　别：男
出生日期：1973年12月31日
工作单位：华东建筑设计研究院有限公司
职　　称：工程师

个人简历（从大学起）
1992年～1997年：重庆建筑大学建筑城规学院建筑学专业就读，获建筑学学士学位。
1997年～2003年：上海华东建筑设计研究院有限公司建筑创作所工作，任院主任建筑师，创作所副总建筑师。
2003年～2004年：获法国总统项目长期奖学金赴法国进修。

主要工程设计作品
全国农业展览馆新馆：上海现代设计集团原创设计金奖。
上海大学体育中心：2003年建设部优秀勘察设计二等奖。
上海科学会堂新楼：2003年建设部优秀勘察设计三等奖。
中央电视台新楼：2003年院原创设计一等奖。
上海市高级人民法院：2002年院原创设计一等奖。
东上海花园：2002年院原创设计一等奖。

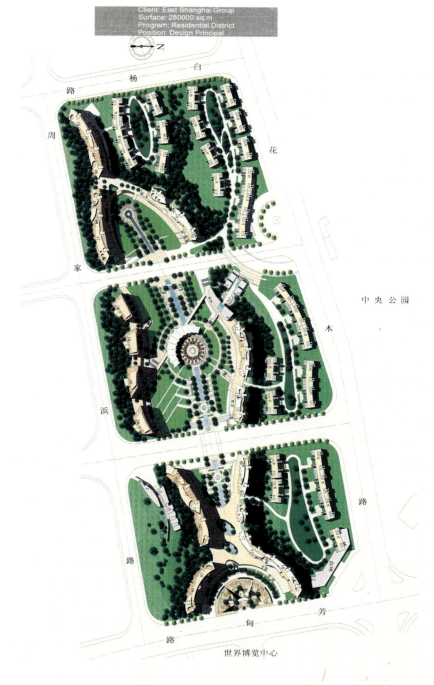

东上海花园总平面图

上海大学体育中心建筑效果图

上海大学建筑实景

上海大学体育中心内景

中央电视台新台址建设工程建筑效果图

全国农业展览馆会议展览中心总体鸟瞰图

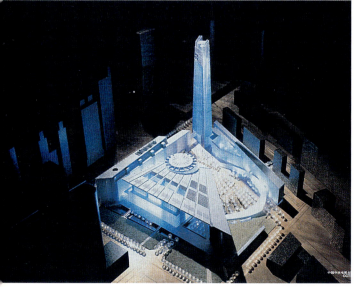

中央电视台新台址建设工程模型

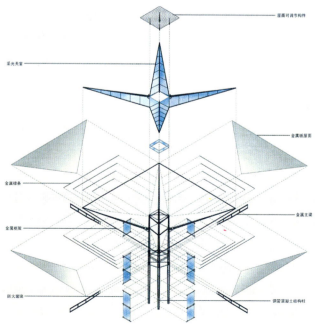

全国农业展览馆会议展览中心单元格分解图

上海市高级人民法院办公楼沿街透视图

上海市高级人民法院办公楼模型

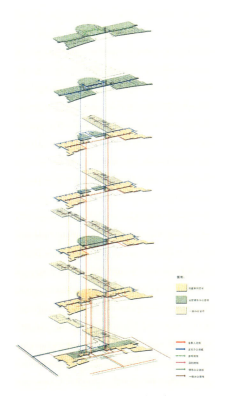

上海市高级人民法院办公楼垂直流线分析图

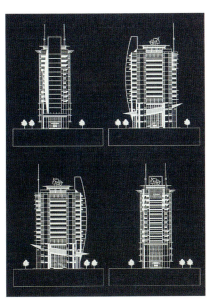

上海市科学会堂立面图

上海市科学会堂外景

Ye Yiqian 叶依谦

姓　　名：叶依谦
性　　别：男
出生日期：1971年10月13日
工作单位：北京市建筑设计研究院
职　　称：高级工程师

个人简历（从大学起）
1989年～1993年：天津大学建筑系建筑设计专业本科生。
1993年～1996年：天津大学建筑系建筑设计及理论专业硕士研究生。
1996年～2004年：北京市建筑设计研究院，建筑师。

主要工程设计作品
国际投资大厦：第八届首都规划建筑设计汇报展十佳方案奖。
怡海中学：北京市第十一届优秀工程设计项目一等奖；
2003年度建设部部级城乡建设优秀勘察设计评选三等奖；
第七届首都规划建筑设计汇报展十佳方案奖；
北京市建筑设计研究院优秀工程一等奖。
孟中友好会议中心：北京市第十一届优秀工程设计项目一等奖；
2003年度建设部部级城乡建设优秀勘察设计评选一等奖；
北京市建筑设计研究院优秀工程一等奖。

国际投资大厦立面图

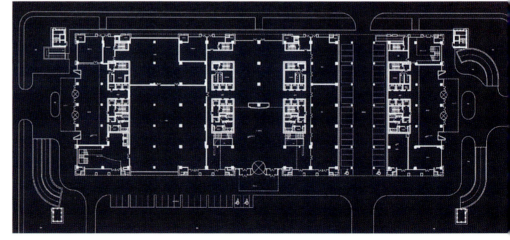

国际投资大厦平面图

国际投资大厦实景

国际投资大厦内景

国际投资大厦门厅

怡海中学实景

怡海中学总平面图及全景图

怡海中学内景

怡海中学外景局部

孟中友好会议中心门廊

孟中友好会议中心外景

孟中友好会议中心平面图

孟中友好会议中心外景

孟中友好会议中心内景

孟中友好会议中心外景局部

孟中友好会议中心内景

Liu Bin 刘斌

姓　　名：刘斌
性　　别：男
出生日期：1971年5月7日
工作单位：中国建筑西北设计研究院
职　　称：建筑师

个人简历（从大学起）
1995年7月毕业于东南大学建筑系，建筑学专业。
1995年7月至今，在中国建筑西北设计研究院四所工作。

主要工程设计作品
西宁市体育中心游泳馆：中国建筑西北设计研究院优秀方案三等奖。
西北农林科技大学中心区教学楼：中国建筑西北设计研究院优秀施工图二等奖。

汇鑫国际商务中心全景

汇鑫国际商务中心总平面图

汇鑫国际商务中心鸟瞰

陕西科技大学教学楼鸟瞰

白桦林居外景

白桦林居鸟瞰

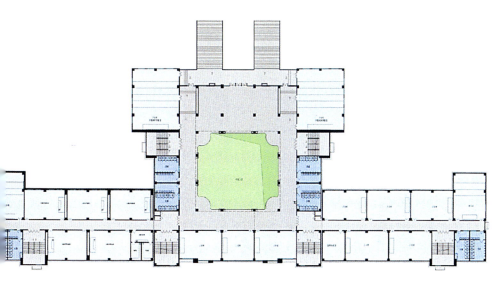

西北农林科技大学中心区教学楼平面图

西北农林科技大学中心区教学楼外立面(一)

西北农林科技大学中心区教学楼外立面(二)

Qi Bin 祁斌

姓　　名：祁斌
性　　别：男
出生日期：1971年1月14日
工作单位：清华大学建筑设计研究院
职　　称：建筑师

个人简历（从大学起）
1989年9月～1993年7月：北方工业大学建筑学部获建筑学学士学位。
1993年9月～1996年7月：清华大学建筑学院获建筑学硕士学位。
1998年7月～2002年12月：清华大学建筑设计研究院建筑师。
2002年12月至今：清华大学建筑设计研究院创作一室副主任。
1998年1月～1999年1月：公派赴日本佐藤综合计画研修。
2000年12获一级注册建筑师执业资格。
2003年9月：中国建筑学会《建筑学报》特约撰稿人。
2004年4月：中国体育建筑学会委员。

主要工程设计作品
2008年奥运会北京射击馆建筑竞赛方案：国际建筑设计竞赛优秀奖中标实施。
2008年奥运会北京射击馆建筑设计：第十届首都规划设计展"十佳"优秀公共建筑奖；
第十届首都规划设计展建筑艺术创作优秀奖。
北京海淀社区中心：第七届首都规划设计展"十佳"优秀公共建筑奖；
第七届首都规划设计展建筑艺术创作优秀奖二等奖（一等奖空缺）。
烟台山景区设计：2003年教育部优秀规划设计奖三等奖。
2008年奥运会国家体育场国际竞赛方案（国际合作设计）国际建筑设计竞赛优秀奖。
国家体育总局射击射箭运动中心总体规划建筑设计竞赛第一名（中标实施）。
国家体育总局射击射箭运动中心国家队配套训练设施建筑设计竞赛第一名（中标实施）。
全国农业展览馆会议展览中心国际建筑设计竞赛优秀奖。
哈尔滨国际会议展览体育中心国际建筑设计竞赛（国际合作设计）入围奖。
广州国际会议展览中心国际建筑设计竞赛（国际合作设计）第一名（中标实施）。

射箭射击运动中心配套训练设施外观一

射箭射击运动中心配套训练设施外观二

射箭射击运动中心配套训练设施外观三

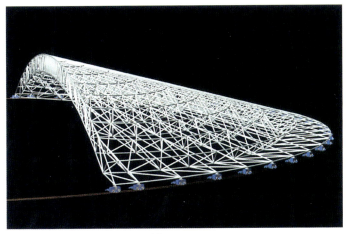
2008年北京奥运会国家体育场屋顶结构

2008年北京奥运会国家体育场内景

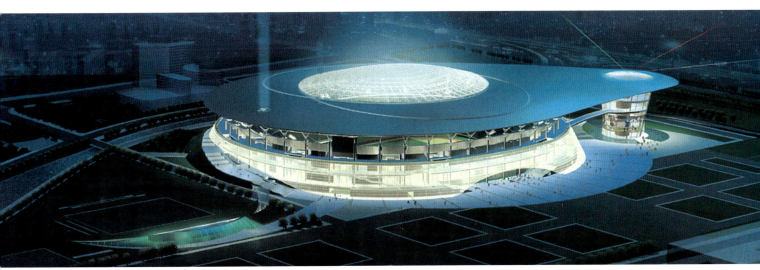
2008年北京奥运会国家体育场鸟瞰

山东省烟台山景区设计总图

山东省烟台山景区设计1

山东省烟台山景区设计2

哈尔滨国际会议展览体育中心鸟瞰

哈尔滨国际会议展览体育中心内景

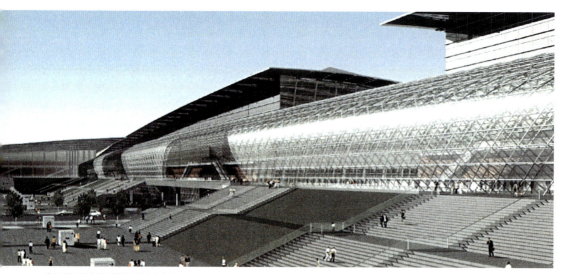
哈尔滨国际会议展览体育中心外景

全国农业展览馆会议展览中心外景　　　全国农业展览馆会议展览中心模型　　　全国农业展览馆会议展览中心内景

2008年奥运会北京射击馆建筑竞赛方案外立面

2008年奥运会北京射击馆建筑竞赛方案鸟瞰

北京市海淀区社区中心外观

北京市海淀区社区中心内景

2008年奥运会北京射击馆建筑竞赛方案鸟瞰

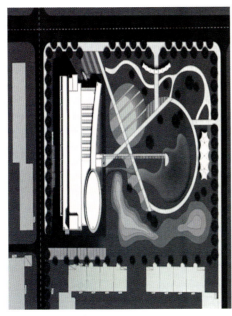

北京市海淀区社区中心平面图

2008年奥运会北京射击馆建筑竞赛方案总平面图

Liu Yubo 刘宇波

姓　　名：刘宇波
性　　别：男
出生日期：1971年10月5日
工作单位：华南理工大学建筑设计研究院
职　　称：工程师

个人简历（从大学起）
1989年～1994年哈尔滨工业大学建筑系建筑学专业学习，获建筑学学士学位。
1994年～1997年华南理工大学建筑设计研究院建筑学专业学习，获建筑学硕士学位。
1997年～2002年华南理工大学建筑设计研究院建筑学专业在职学习，获工学博士学位。
1997年至今华南理工大学建筑设计研究院工作。

主要工程设计作品
江南大学蠡湖校区修建性详细规划：2003年教育部优秀规划设计奖一等奖（第一名）。
东莞西城文化广场：2002年教育部优秀设计奖二等奖；
2002年建设部优秀设计奖三等奖；
2003年广东省优秀建筑创作奖提名奖。
西安城墙修复改造方案：中国建筑学会举办2003年全国青年建筑师设计竞赛，佳作奖。
围村·浮城设计方案：第22届世界建筑师大会"城市庆典"国际设计竞赛亚太区建筑师组荣誉提名奖；
中国建筑学会举办2003年"城市庆典"全国设计竞赛二等奖。

江南大学蠡湖校修建性详细规划

江南大学蠡湖校修建性详细规划景观之一

东莞西城文化广场建筑外观

东莞西城文化广场鸟瞰

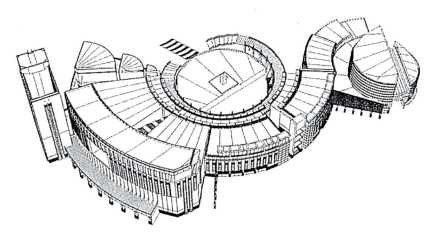

东莞西城文化广场鸟瞰图

广州歌剧院外观

南京邮电学院仙林校区

南京邮电学院仙林校区单体建筑

广州歌剧院"绿色峡谷空间"

南京邮电学院仙林校区总体规划

Song Hailin 宋海林

姓　　名：宋海林
性　　别：男
出生日期：1973年2月10日
工作单位：清华大学建筑设计院
职　　称：建筑师

个人简历（从大学起）

1991年9月～1996年6月：清华大学建筑学院获建筑学学士学位。
1996年9月～2001年6月：清华大学建筑学院获建筑学硕士学位及工学博士学位。
2001年8月至今：清华大学建筑设计院建筑师，创作一室副主任。
2003年6月至今：烟台市福山区政府（挂职）副区长。

主要工程设计作品

清华大学设计中心楼：全国第十届优秀工程设计金奖；
2001年度建设部优秀勘察设计一等奖；
2001年度教育部优秀设计一等奖；
2002年度亚洲建协优秀设计荣誉奖；
2003年全国十大建设科技成就荣誉称号。
烟台市滨海区更新改造规划及城市设计：
2003年度教育部优秀勘察设计评选（规划类）一等奖。
烟台市中心街区城市更新规划：2003年度建设部优秀勘察设计三等奖。

清华大学设计中心楼北侧中庭

清华大学设计中心楼外观

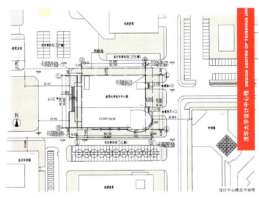

清华大学设计中心楼设计中心楼总平面图

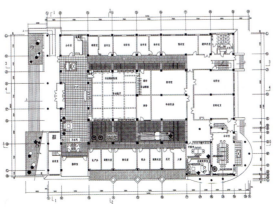

清华大学设计中心楼推敲草模　　清华大学设计中心楼设计中心楼首层平面图

中国建筑学会青年建筑师奖获奖者作品集

烟台市中心街区南大街更新改造城市设计透视

烟台市中心街区南大街更新改造城市设计规划总平面图

烟台市中心街区新建龙晴大厦透视图

烟台市滨海历史地区更新规划与城市设计市民广场夜景

烟台市滨海历史地区更新规划与城市设计建筑外观

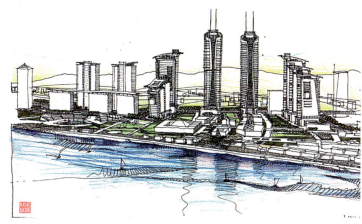

烟台滨海广场城市意向·鸟瞰图

烟台市滨海历史地区更新规划与城市设计规划构思草图

Zhou Ling 周凌

姓　　名：周凌
性　　别：男
出生日期：1970年6月
工作单位：南京大学建筑研究所
职　　称：讲师

个人简历（从大学起）

1989年～1997年：云南工业大学学习，留校任教。
1997年～2000年：东南大学硕士研究生学习，留校任教。
2001年南京大学建筑研究所教师。
2002年东南大学博士研究生学习。

主要工程设计作品

宁通高速公路收费站房：2000江苏青年建筑师奖（省级）二等奖。
西安城墙改造设计竞赛：2003年新纪元中国青年建筑师奖（国家级）佳作奖。
南京大学百年纪念堂。
兴化市档案馆。
江都市行政中心主楼。

长江南北货地块城市设计凯润金城

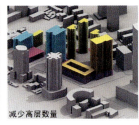
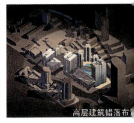

长江南北货地块城市设计

兴化市档案馆

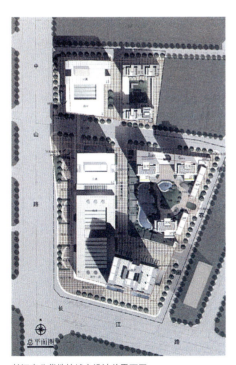
长江南北货地块城市设计总平面图

兴化市档案馆

兴化市档案馆北立面

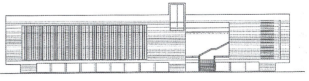
兴化市档案馆南立面

南京大学百年纪念堂入口透视

南京大学百年纪念堂总平面

南京大学百年纪念堂透视

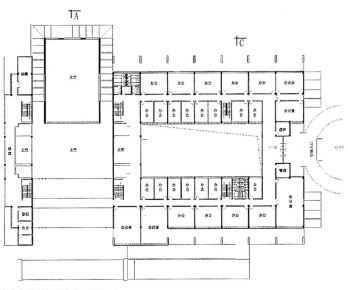

南京大学百年纪念堂三层平面

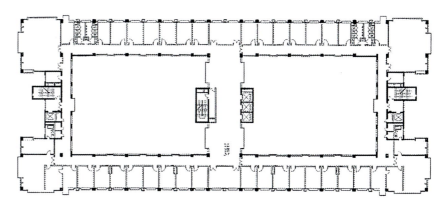
江都市行政中心主楼十至十四层平面

江都市行政中心主楼夜景透视

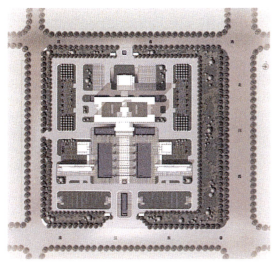
江都市行政中心主楼总平面

江都市行政中心主楼大厅室内透视

Guo Weihong 郭卫宏

姓　　名：郭卫宏
性　　别：男
出生日期：1969年4月26日
工作单位：华南理工大学建筑设计研究院
职　　称：高级建筑师

个人简历（从大学起）
1987年9月～1991年7月：哈尔滨建筑工程学院本科。
1991年9月～1994年3月：华南理工大学研究生院硕士。
1994年3月～1997年3月：华南理工大学建筑设计研究院助工。
1997年3月～2003年4月：华南理工大学建筑设计研究院工程师。
1998年9月华南理工大学建筑学院在职博士。
2003年4月华南理工大学建筑设计研究院高级工程师。
2003年9月华南理工大学建筑设计研究院二室主任。

主要工程设计作品
华南师范大学南海学院：2003年教育部优秀建筑设计一等奖
2003年建设部优秀建筑设计二等奖；
2003年广东省优秀建筑创作奖。
武汉水利电力大学主教学楼
2001年教育部优秀建筑设计二等奖；
2001年建设部优秀建筑设计三等奖。
东莞市蛤地小学
2001年教育部优秀建筑设计三等奖。
鸦片战争海战馆
2000年教育部优秀建筑设计一等奖；
2000年建设部优秀建筑设计三等奖。
2000年广东省优秀建筑创作奖。
太古饮品（东莞）有限公司主厂房
1998年教育部优秀建筑设计表扬奖。

华南师范大学南海学院教学楼内庭院

东莞市哈地小学1

东莞市清溪镇商业中心全景

东莞市清溪镇商业中心夜景

东莞市清溪镇商业中心

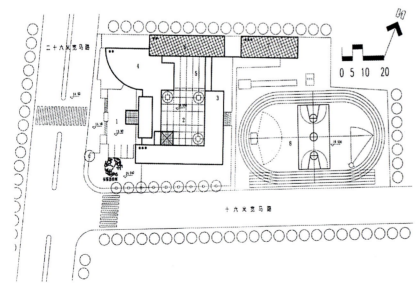

东莞市哈地小学总平面

东莞市清溪镇商业中心局部

盐城市城市中心广场

Chai Peigen 柴培根

姓　　名：柴培根
性　　别：男
出生日期：1972年11月17日
工作单位：中国建筑设计研究院
职　　称：建筑师

个人简历（从大学起）
1990年～1994年：合肥工业大学建筑系。
1994年～1997年：天津大学建筑系。
1997年～2004年：中国建筑设计研究院。

主要工程设计作品
长春广电中心：院优秀初步设计一等奖；院优秀方案设计二等奖。
威海体育中心：院方案设计特别奖。
中国国家大剧院：院优秀方案设计三等奖。
中科院动物所改扩建：北京市优秀工程设计一等奖。
清华创新中心：建设部部级优秀勘查设计二等奖；院优秀方案设计二等奖。
安微出版大厦：2003中国青年建筑师奖佳作奖。
西安市明城墙北段连接工程。

西安市明城墙北段连接工程之一

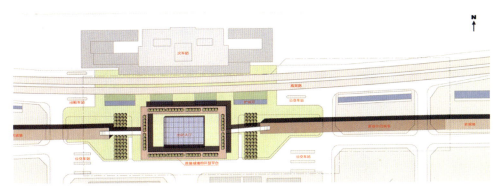

西安市明城墙北段连接工程总平面图

西安市明城墙北段连接工程之二

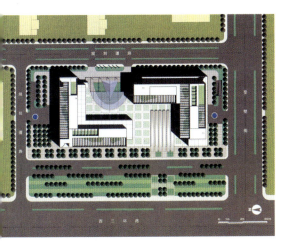

投资大厦总平面图

投资大厦外观

清华创新中心外观

清华创新中心内景

北京现代城幼儿园

清华创新中心外观

北京现代城幼儿园内景

安徽出版大厦效果图

北京现代城幼儿园外景

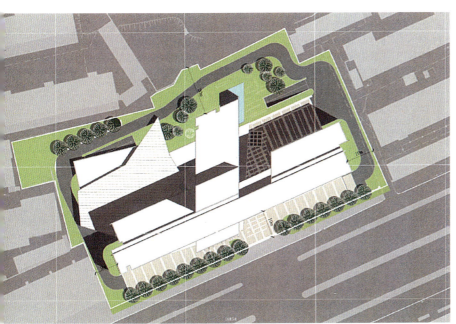

安徽出版大厦总平面图

安徽出版大厦

安徽出版大厦主入口效果图

055

Xie Qiang 谢强

姓　　名：谢强
性　　别：男
出生日期：1969年11月16日
工作单位：北京市建筑设计研究院
职　　称：工程师

个人简历（从大学起）
1998年~1992年：北方交通大学。
1992年至今：北京市建筑设计研究院。

主要工程设计作品
北京现代城
1997年获得第四届"首都建筑与规划成果汇报展"专家评比第一名，并同时获得"十佳建筑"称号；
2002年北京市优秀设计工程二等奖；
2003年建设部优秀设计工程三等奖。
北大方正大厦：
2000年获得第七届"首都建筑与规划成果汇报展"专家评比第一名，并同时获得"十佳建筑"称号；
2004年北京市优秀设计工程二等奖；
2004年全国优质工程鲁班奖。
联想（北京）研发基地：
2001年获得第七届"首都建筑与规划成果汇报展"专家评比三等奖；
2002年院优秀设计一等奖。
国际射击中心：
2003年院优秀设计二等奖。
通州档案馆：
2003年院优秀设计一等奖。

北大方正大厦内景

北大方正大厦外观局部

北大方正大厦外观

057

联想(北京)研发基地外观局部之一

联想(北京)研发基地外观局部之二

联想(北京)研发基地内景

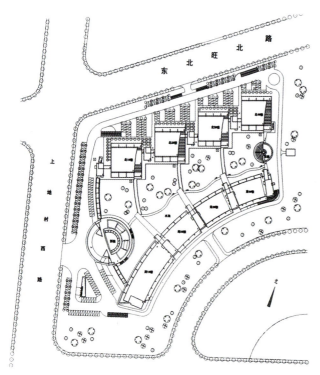
联想(北京)研发基地总平面图

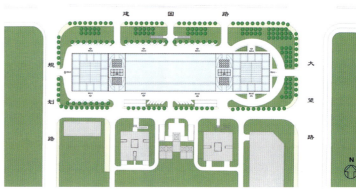
北京现代城总平面图

联想(北京)研发基地鸟瞰

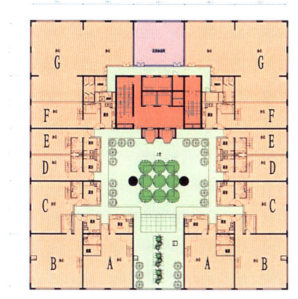

北京现代城平面图

北京现代城外观

Zeng Xiaogang 曾笑钢

姓　　名：曾笑钢
性　　别：男
出生日期：1969年12月15日
工作单位：中元国际工程设计研究院
职　　称：高级工程师

个人简历（从大学起）

1987年9月～1991年6月：湖南大学建筑系学习。
1991年～2004年：在中元国际工程设计研究院建筑一所工作，期间（2002年～2003年）在清华大学工程硕士班脱产学习一年。

主要工程设计作品

北京生命科学研究所：院优秀工程设计特等奖（2003年）；
中国机械工业优秀设计一等奖（2004）（省部级）。佛山市第一人民医院肿瘤中心院优秀方案奖（2003年）（院级）。

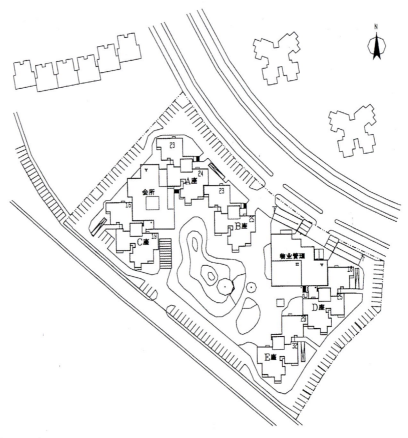

望京天平苑总平面图

望京天平苑住宅小区方案

望京天平苑标准层平面

061

佛山市第一人民医院肿瘤中心

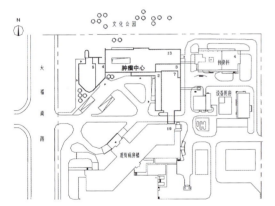

佛山市第一人民医院肿瘤中心总平面

北京生命科学研究所总平面图

北京生命科学研究所外观

北京生命科学研究所外观

Wang Ge 王戈

姓　　名：王戈
性　　别：男
出生日期：1971年3月1日
工作单位：北京市建筑设计研究院
职　　称：高级工程师

个人简历（从大学起）
1988年~1992年：青岛建筑工程学院。
1992年~1995年：天津大学硕士。
1995年~2004年：北京市建筑设计研究院工作。

主要工程设计作品
北京饭店及北京宫：首都规划委员会首都汇报展设计奖十佳设计奖。
盈创大厦：首都规划委员会首都汇报展设计奖专家评选三等奖。
中国评剧剧场：建设部、北京市优秀工程设计一等奖。

盈创大厦外观局部

盈创大厦外立面

中国评剧剧场入口

中国评剧剧场夜景

中国评剧剧场全景

北京饭店及北京宫全景

北京饭店及北京宫夜景

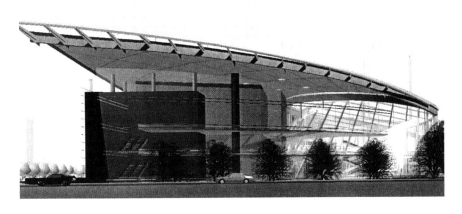

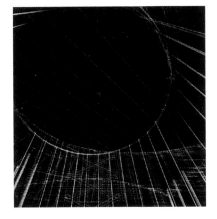

北京望星苑健康俱乐部

Wang Wensheng 王文胜

姓　　名：王文胜
性　　别：男
出生日期：1969年10月12日
工作单位：同济大学建筑设计研究院
职　　称：建筑师

个人简历（从大学起）
1988年9月～1992年7月：上海城市建设学院建筑系学生。
1992年7月～1996年10月：上海城市建设学院建筑系教师。
1996年10月至今：同济大学建筑设计研究院建筑师。

主要工程设计作品
华东师范大学第二附属中学：
2003年度建设部优秀勘察设计三等奖。
华东师范大学第二附属中学：
2003年度上海市优秀勘察设计二等奖。
浙江师范大学艺术楼：
2003年度教育部优秀勘察设计二等奖。
瑞安市玉海文化广场：第三届上海国际青年建筑师设计作品展（2003年）二等奖。
上海康城（一期）：
2002年度上海市优秀住宅工程小区设计三等奖。
同济汽车学院总体规划及单体设计：第二届上海国际青年建筑师设计作品展（2002年）二等奖。
无锡市人民大会堂：
2001年度上海市优秀工程设计三等奖。
广东星海音乐学院音乐厅：国内投标第一名，一等奖。
海南省图书馆：国内投标第一名，一等奖。

瑞安市玉海文化广场

海南省图书馆

华东师范大学第二附属中学之一

上海康城

华东师范大学第二附属中学之三

华东师范大学第二附属中学之二

广东星海音乐学院音乐厅之一

广东星海音乐学院音乐厅之二

广东星海音乐学院音乐厅之三

无锡人民大会堂内景

无锡人民大会堂外景

同济汽车学院一期工程行政办公楼

同济汽车学院一期工程培训中心楼

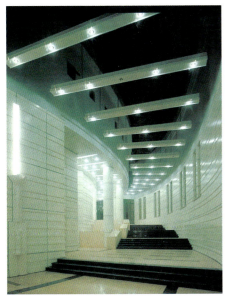

浙江师范大学艺术楼内景

同济汽车学院图书馆

浙江师范大学艺术楼外观

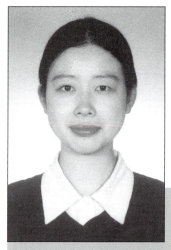

Wu Jie 吴杰

姓　　名：吴杰
性　　别：女
出生日期：1971年2月19日
工作单位：同济大学建筑设计研究院
职　　称：工程师

个人简历（从大学起）
1989年9月～1993年7月：同济大学建筑系建筑学室内设计。
1993年7月至今：同济大学建筑设计研究院工作。
2000年9月：国家一级注册建筑师。
2001年6月～2001年9月：自费欧洲建筑考察学习。
2002年9月至今：同济大学建筑系建筑设计及其理论在职硕士研究生。

主要工程设计作品
绿茵苑（原莘香小区）4号：
1997年度上海市优秀住宅设计二等奖。
上海热带风暴：
1998年度上海市优秀建筑专业设计三等奖。
水仙苑：
2001年度教育部优秀设计三等奖。
同济大学一·二九礼堂改造：
2003年度教育部优秀建筑设计三等奖。
同济大学设计院新楼装修。
同济大学图书馆改建。

同济大学图书馆新阅览楼挑高空间

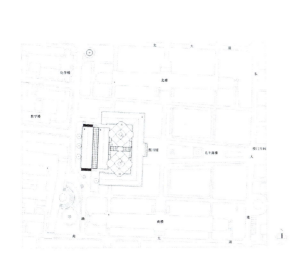
同济大学图书馆总平面图

同济大学图书馆改建后图书馆主立面

同济大学图书馆中央椭圆大厅室内全景

同济大学图书馆中央玻璃大厅与老图书馆内庭院夜景

同济大学图书馆新阅览楼室外楼梯

同济大学图书馆南北玻璃通廊

上海水仙苑中心绿地

上海水仙苑小区

上海水仙苑小院围墙及宅间道

同济大学一、二九礼堂改造后礼堂全景

同济大学一、二九礼堂改造后休息厅外廊

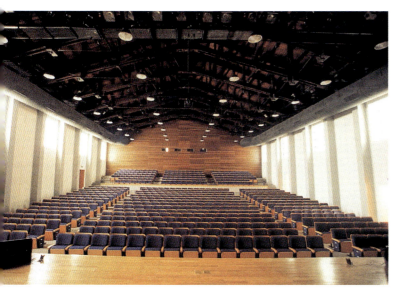

同济大学一、二九礼堂内景

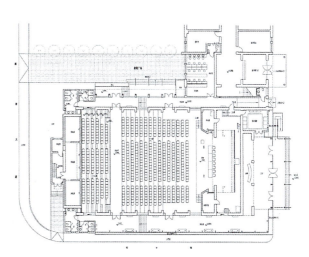

同济大学一、二九礼堂改造平面图

Li Xinggang 李兴钢

姓　　名：李兴钢
性　　别：男
出生日期：1969年3月7日
工作单位：中国建筑设计研究院
职　　称：教授级高级建筑师

个人简历（从大学起）
1987年~1991年：天津大学建筑系学士学位。
1991年~2000年：建设部建筑设计院，历任建筑师、高级建筑师、院副总建筑师。
2000年中国建筑设计研究院副总建筑师，教授级高级建筑师。
1998年入选法国总统项目"50位中国建筑师在法国"首批赴法国进修。
2000年获第九届全国优秀工程设计银奖（北京兴涛学校）。
2002年获2002年英国"世界建筑奖"提名（北京兴涛展示接待中心）。
2003年获"中国建筑艺术奖"（北京兴涛展示接待中心）。
2003年获2003年度"中国房地产十佳建筑影响力青年设计师。
2003年中国国家体育场（2008年奥运会主会场）中方设计主持人。
2004年获"第二届中央企业十大杰出青年"。
2004年参加中国当代青年建筑师作品八人展。
2004年参加中国国际建筑艺术双年展－无止境建筑作品展（群展）。
现任：中国建筑设计研究院副总建筑师、李兴钢建筑设计工作室主持人、建筑专业设计研究院总建筑师；教授级高级建筑师、国家一级注册建筑师；首都规划委员会专家、北京市勘察设计协会专家、中国建筑学会建筑师分会理论与创作委员会委员、中国建筑学会体育建筑专业委员会委员、国家建筑设计标准化领导小组专家委员会委员、中央企业青年联合会一届委员。

主要工程设计作品
中国国家体育场（2008奥运会主会场）：
国际竞赛优秀奖（实施方案、国际）
北京兴涛展示接待中心：
2002年度英国世界建筑奖提名（国际）；
2003年中国建筑艺术奖（公共建筑类、国家.）；
2001年度院优秀施工程设计设计建筑专业三等奖（院级）；
北京兴涛学校：第九届全国优秀工程设计银奖（国家）；
2000年度建设部优秀工程设计二等奖部级；
2000年度建设部及市政系统优秀工程设计一等奖（市级）。
北京兴涛居住小区（一期）：
2001年度建设部优秀勘察设计三等奖（部级）；
2001年度北京市优秀工程设计一等奖（省级）；
1995年度院优秀方案设计一等奖（院级）；
"百龙杯"全国精品户型综合大奖。
北京西直门交通枢纽及配套服务用房：
第八届（2001年）首都十佳建筑设计方案奖（省级）。
2000年度院优秀方案设计一等奖（院级）；
2001年度院优秀初步设计综合二等奖（院级）。
2001年度院优秀初步设计建筑专业二等奖（院级）。
北京兴涛会馆：第七届（2000年）首都十佳建筑设计方案奖（省级）；
2000年度首都建筑创作三等奖（省级）
2000年度院优秀施工图设计一等奖（院级）。
北京金融街金阳大厦：
1998年度建设部优秀工程设计表扬奖（部级）；
1998年度建设部及市政系统优秀工程设计三等奖（市级）。
1994年全国"建筑师杯"作品优秀奖；
1994年度院优秀初步设计二等奖（院级）；
1995年度院优秀施工图设计三等奖（院级）。
天津开发区泰达小学：
1999年度院优秀方案设计一等奖（院级）；
2000年度院优秀施工图设计二等奖（院级）。
唐山新华大厦：
1998年度院优秀方案设计三等奖（院级）；
中国国家大剧院国际竞赛（第一轮）方案：
1998年度院优秀方案设计特别奖（院级）；
南京华润城详细规划：
1996年度院优秀方案设计一等奖（实施规划、院级）。
公安部公安指挥大楼：
1996年度院优秀方案设计一等奖（院级）。
大连远洋大厦：
1995年度院优秀方案设计二等奖（院级）。
南开大学人文楼：
1997年度院优秀方案设计三等奖（院级）。

中国国家体育场

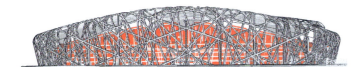

中国国家体育场东、西立面

中国国家体育场南、北立面

中国国家体育场内景

北京兴涛会馆模型

北京兴涛会馆外观

唐山新华大厦外观

天津泰达小学内景

天津泰达小学外观

北京兴涛社区中心

北京兴涛社区建筑外观

北京西直门交通枢纽外观

北京兴涛展示接待中心之一

北京兴涛展示接待中心之二

北京西直门交通枢纽及配套服务用房

北京兴涛展示接待中心之三

Cui Haidong 崔海东

姓　　名：崔海东
性　　别：男
出生日期：1969年9月15日
工作单位：中国建筑设计研究院
职　　称：高级建筑师

个人简历（从大学起）
1988年9月～1993年7月：清华大学建筑学院获建筑学学士学位。
1993年9月～1996年3月：清华大学建筑学院获建筑学硕士学位。
1996年4月至今：中国建筑设计研究院（原建设部建筑设计院）高级建筑师、国家一级注册建筑师、曾任第六设计所建筑室主任、现任第一建筑设计所副总建筑师。

主要工程设计作品
国家大剧院：1998年度建设部建筑设计院优秀工程设计奖方案特别奖。
龙岩会展中心：
1998年度建设部建筑设计院优秀工程设计奖方案二等奖；
2000年度建设部建筑设计院优秀工程设计奖施工图二等奖；
2000年《北京之路》建筑创作设计竞赛（中国建筑学会、国际建协《北京之路》工作组举办）二等奖。
宁波天一家园：
1999年度建设部建筑设计院优秀工程设计奖初步设计二等奖。
富凯大厦：
2000年度建设部建筑设计院优秀工程设计奖方案三等奖；
2000～2001年《第七届首都规划建筑设计汇报展》优秀方案三等奖；
2001年度中国建筑设计研究院优秀工程设计奖施工图二等奖；
北京市第十一届优秀工程设计（2003年）一等奖；
建设部2003年度城乡建设优秀勘察设计二等奖。
华东师范大学嘉定校区总体规划及建筑设计：
2001年度中国建筑设计研究院优秀工程设计奖方案三等奖。
首都博物馆新馆：
2001年～2002年《第八届首都规划建筑设计汇报展》优秀方案三等奖，十佳公建方案。
2002年度中国建筑设计研究院优秀工程设计奖，施工图一等奖综合一等奖。
金融街B7大厦：
2003年度中国建筑设计研究院优秀工程设计奖，施工图一等奖，综合二等奖。
西安市明城墙北段连接工程概念设计：
2003中国青年建筑师奖（中国建筑学会建筑师学会建筑理论与创作委员会主办）设计竞赛优秀奖（10名最高奖）。

富凯大厦中庭

富凯大厦东入口雨棚

富凯大厦首层大堂

富凯大厦内景

富凯大厦外观

龙岩会展中心全景

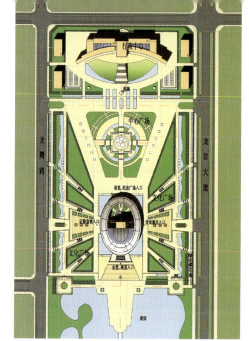
龙岩会展中心总平面图

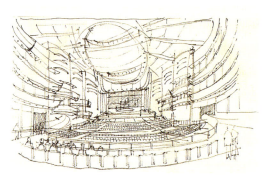
龙岩会展中心观众厅设计草图

首都博物馆新馆外观一

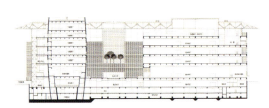
首都博物馆新馆剖面图

首都博物馆新馆外观二

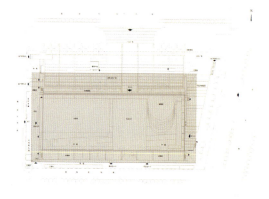
首都博物馆新馆总平面图

华东师范大学嘉定新校区实验楼

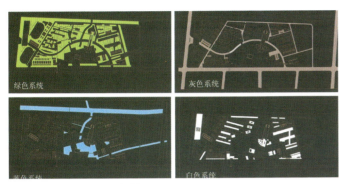
华东师范大学嘉定新校区系统分析

华东师范大学嘉定新校区图书馆

华东师范大学嘉定校区总平面图

金融街B7大厦四季花园

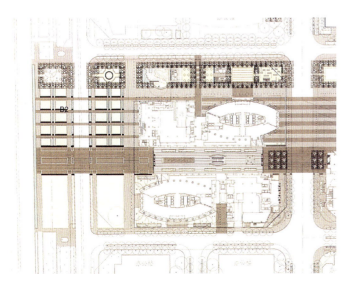
金融街B7大厦一层平面（环境设计）

金融街中心区（东向鸟瞰）

083

Wang Jun 王军

姓　　名：王军
性　　别：男
出生日期：1969年8月29日
工作单位：中国建筑西北设计研究院
职　　称：一级注册建筑师、高级建筑师

个人简历（从大学起）
1987年9月～1991年7月：长安大学（原西北建工学院）建筑系学习。
1991年7月～1995年8月：西安有色冶金设计研究院。
1995年8月至今：中国建筑西北设计研究院。

主要工程设计作品
西安国际展览中心（原名西安商贸展销大厦）：
中建总公司优秀方案一等奖；
中建西北院优秀工程一等奖。
长安航空公司生产基地—办公生活区：
中建西北院优秀方案二等奖。
陕西省美术博物馆内装修（展厅部分）：
陕西省优秀工程一等奖；
中建西北院优秀工程一等奖，
中建西北院优秀方案（与建筑方案同时评）一等奖。

陕西省政协办公楼内景

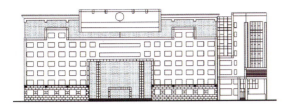

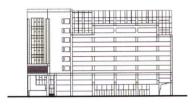

陕西省政协办公楼立面图

陕西省政协办公楼外观

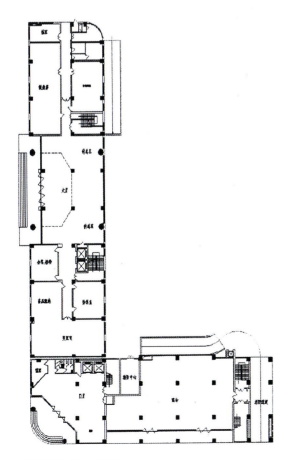

陕西省政协办公楼一层平面

陕西省政协办公楼外观

陕西省美术博物馆外观

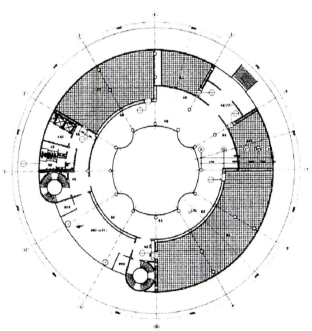

陕西省美术博物馆平面图

陕西省美术博物馆内景

西安国际展览中心外观

西安国际展览中心鸟瞰

西安国际展览中心内景

Liu Miao 刘淼

姓　　名：刘淼
性　　别：男
出生日期：1969 年 12 月 27 日
工作单位：北京市建筑设计研究院
职　　称：高级建筑师

个人简历（从大学起）
1988 年～1992 年：北京建筑工程学院建筑系大学本科。
1992 年～2002 年：北京市建筑设计研究院二所建筑师。
2002 年至今：北京市建筑设计研究院八所执行主任建筑师。

主要工程设计作品
北京大学校史博物馆：
1999 年北京市第六届首都建筑设计汇报展十佳建筑设计方案奖第十名；
1999 年北京市第六届首都建筑设计汇报展专家奖三等奖；
2000 年北京市建筑设计研究院院级优秀设计奖一等奖；
2001 年北京市建筑设计研究院院级优秀工程奖一等奖；
2002 年建设部优秀工程设计奖三等奖；
2002 年北京市第十届优秀工程设计奖一等奖。
2003 年世界城市发展协会（WACMD）世界城；
北京市建筑优秀概念设计奖。
北京大学科技发展中心：
2002 北京第十届优秀工程设计奖二等奖；
1998 年院级优秀设计奖一等奖；
2002 年院级优秀工程奖一等奖。

北京大学校史博物馆外观

北京大学校史博物馆内景

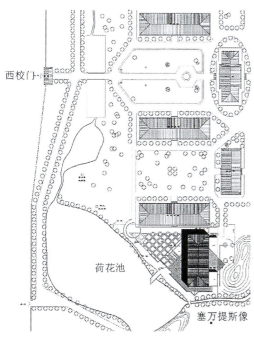

北京大学校史博物馆平面图

北京大学科技发展中心外观

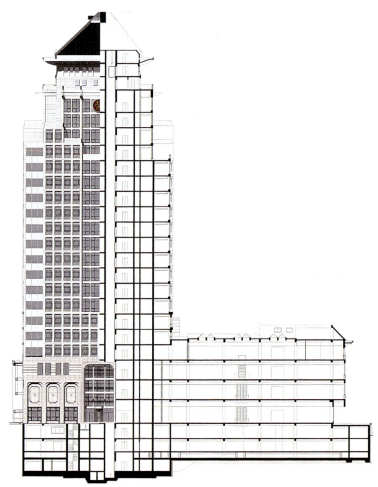

北京大学科技发展中心立面图

北京时间国际中心平面图

北京时间国际中心外观

Yang Yidong 杨易栋

姓　　名：杨易栋
性　　别：男
出生日期：1972年3月31日
工作单位：浙江大学建筑设计研究院
职　　称：建筑师

个人简历（从大学起）

1989年9月～1994年7月：浙江大学建筑系学习。
1994年7月至今：浙江大学建筑设计研究院工作。

主要工程设计作品

中国银行常州分行营业办公大楼：
浙江省城乡建设优秀设计（1999年度）二等奖；
建设部部级城乡建设优秀勘察设计（2000年度）三等奖。
宁波国税大厦：
浙江省建设工程钱江杯优秀设计（2001年度）一等奖。
上海大学新校区图书馆：
教育部优秀工程勘察设计（2001年度）一等奖；
建设部部级优秀建筑设计（2002年度）三等奖；
国家优质工程银质奖。
象山县人民广场：
浙江省建设工程钱江杯优秀设计（2004年度）三等奖。

宁波国税大厦南侧外观

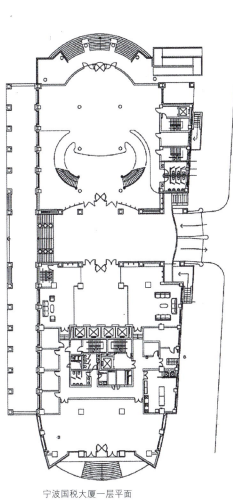

宁波国税大厦一层平面

宁波国税大厦内景

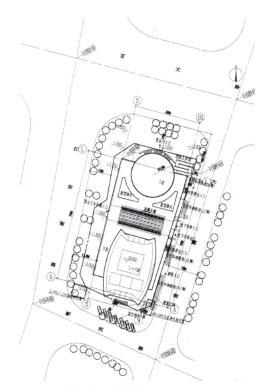

宁波国税大厦标准层平面

093

上海大学新校区图书馆外观

上海大学新校区图书馆内景之一

上海大学新校区图书馆内景之二

上海大学新校区图书馆平面图

象山县人民广场全景

象山县人民广场景观局部

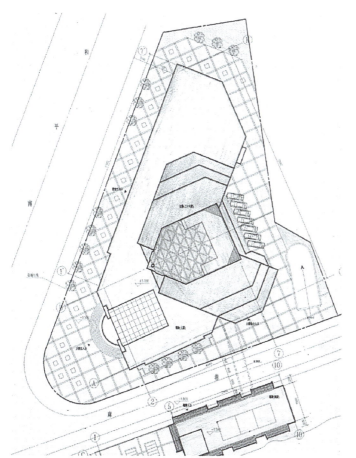

中国银行常州分行营业办公大楼总平面

中国银行常州分行营业办公大楼外观

Zhu Ming 朱明

姓　　名：朱明
性　　别：男
出生日期：1969年10月28日
工作单位：广东省高教建筑规划设计院
职　　称：高级建筑师

个人简历（从大学起）
1987年～1991年：武汉城建学院城市规划专业学习。
1991年～1992年：湖北省教育厅计划建设处。
1992年～1995年：华中理工大学建筑专业攻读硕士。
1995年～2003年：湖北省教育建筑设计院。
2003年至今：广东省高教建筑规划设计院。

主要工程设计作品
山东省海阳县总体规划：湖北省大学生优秀科研成果一等奖。
武汉无线电工业学校逸夫楼：
湖北省优秀工程设计一等奖；
教育部优秀工程设计三等奖。
湖北省襄樊一中逸夫楼：
湖北省优秀工程设计二等奖；
教育部优秀工程设计三等奖。
湖北省安陆市一中逸夫楼：
湖北省优秀工程设计三等奖。

湖北襄樊一中逸夫楼内景

湖北襄樊一中逸夫楼外观

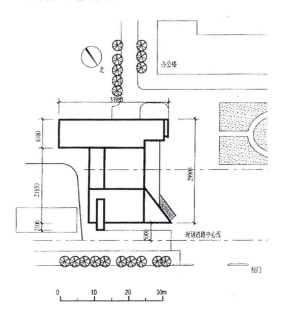

湖北襄樊一中逸夫楼总平面

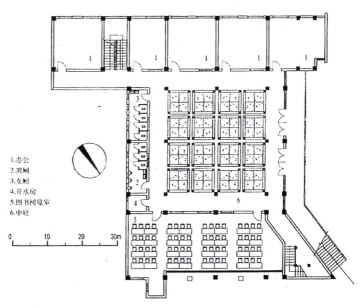

湖北襄樊一中逸夫楼一层平面

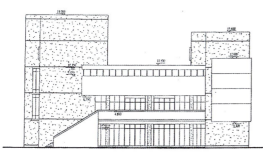

湖北襄樊一中逸夫楼西立面

中国建筑学会青年建筑师奖获奖者作品集

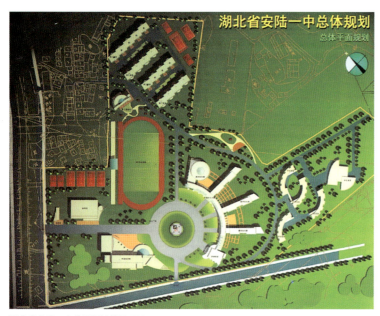
湖北省安陆一中总体设计总平面图

武汉无线电工业学校逸夫楼外观

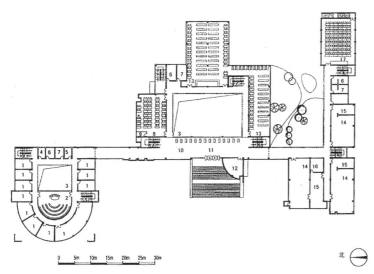
武汉无线电工业学校逸夫楼标准层平面

湖北省安陆一中总体设计外景局部

湖北省安陆一中总体设计全景

广州大学城第五组团规划图总图

1 理科实验楼
2 艺术楼
3 教学主楼
4 行政办公楼
5 图书馆
6 文科楼
7 体育馆
8 后勤综合楼
9 学生公寓

广州大学城第五组团规划图之一

广州大学城第五组团规划图之二

广州大学城第五组团规划图之三

Xu Quansheng 徐全胜

姓　　名：徐全胜
性　　别：男
出生日期：1969年3月11日
工作单位：北京市建筑设计研究院
职　　称：高级工程师

个人简历（从大学起）
1987年9月～1992年7月：清华大学建筑系建筑学专业本科学习。
1992年8月至今：北京市建筑设计研究院第四设计所建筑师。
1996年9月～1999年7月：清华大学建筑学院建筑设计及其理论专业研究生。
2001年3月～6月：北京市建筑设计研究院派遣赴意大利格里高蒂事务所学习工作。
2001年任北京市建筑设计研究院第四设计所副所长。
2002年至今：任北京市建筑设计研究院第四设计所所长，院建筑创作委员会成员。

主要工程设计作品
深圳特区报社方案：第二届"建筑师杯"中青年建筑师优秀设计奖（部）。
西安城墙联接概念设计：2003新纪元中国青年建筑师奖设计竞赛佳作奖（部）。
北京恒基中心：1990年代北京十大建筑奖（市）。
北京市高级人民法院审判业务用房：院级优秀方案设计一等奖（院）；
第八届首都规划建筑设计汇展公共建筑专家组优秀方案奖；群众组十佳方案奖（市）。
北京电视中心：院级优秀设计一等奖（院）；
第九届首都规划建筑设计汇展公共建筑专家组优秀方案奖；群众组十佳方案奖（市）。
国防科工委及航天科工集团办公楼：
北京市第十一届优秀工程设计：建筑设计三等奖（市）。
中华女子学院总图主楼：院级优秀设计二等奖（院）。
中华女子学院教学楼、图书馆：院级优秀工程设计三等奖（院）。
中宜科技发展大厦：院级优秀设计二等奖（院）。
国际高科技交流和综合服务中心：院级优秀工程设计一等奖（院）。
北京珠江帝景A区写字楼及公寓：院级优秀方案设计一等奖（院）。
重庆人民大厦：院级优秀方案设计二等奖（院）。

北京珠江帝景A区写字楼外观

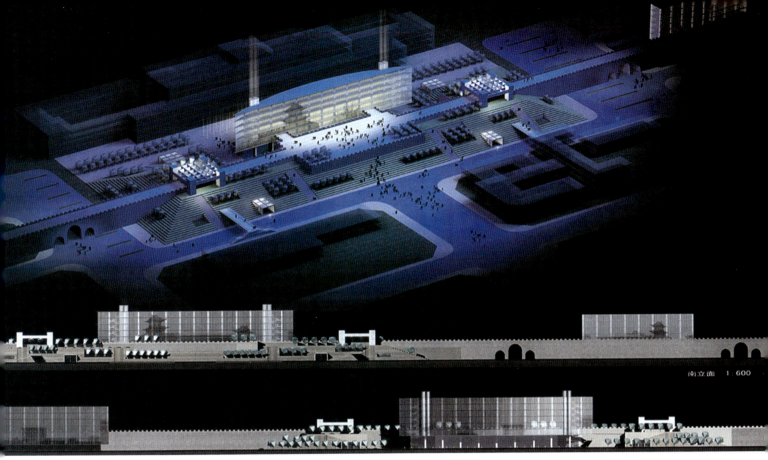

西安城墙联接概念设计之一

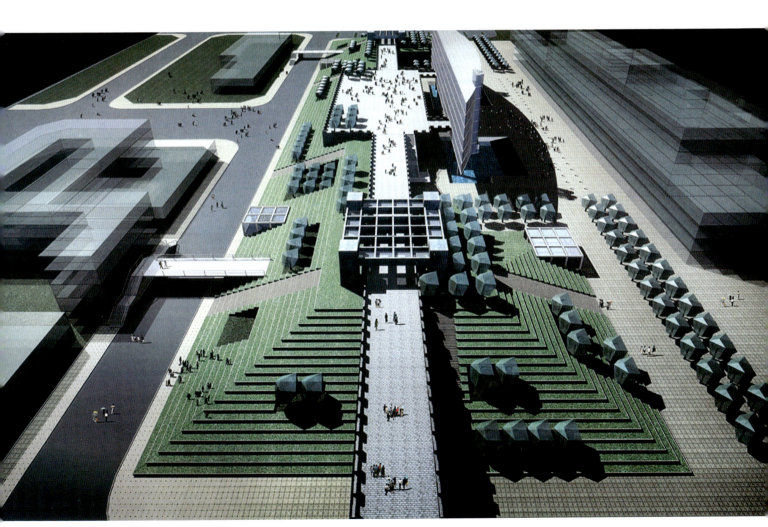

西安城墙联接概念设计之二

北京市高级人民法院审判业务用房外观

北京市高级人民法院审判业务用房平面图

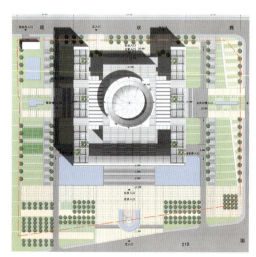

重庆市人民大厦平面图

重庆市人民大厦鸟瞰

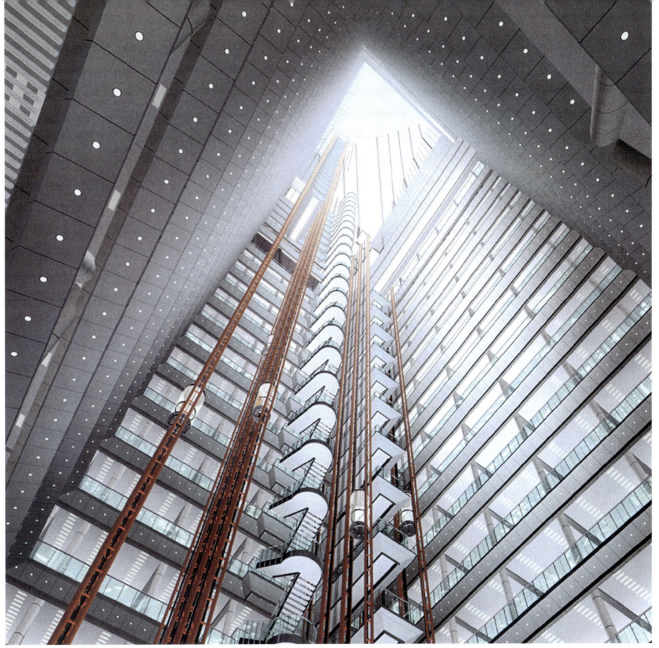

北京电视中心

Qu Bing 曲冰

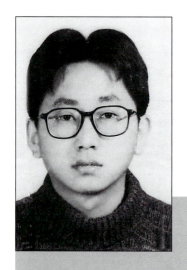

姓　　名：曲冰
性　　别：男
出生日期：1974年2月26日
工作单位：哈尔滨工业大学建筑设计研究院
职　　称：建筑师

个人简历（从大学起）
1993年9月～1998年9月：华中理工大学建筑学院学习。
1998年9月～2001年1月：哈尔滨工业大学建筑学院获建筑学硕士学位。
2001年1月至今：哈尔滨工业大学建筑学院攻读建筑学博士学位，哈尔滨工业大学建筑设计院从事建筑设计工作。

主要工程设计作品
哈尔滨市第三中学新校区规划。
哈尔滨市少年宫艺术中心：省优秀勘察设计奖二等奖。
黑龙江省科技学院教学区：省优秀勘察设计奖三等奖。
哈尔滨国际会展体育中心。
哈尔滨极地海游馆。
爱建三江美食城。
大连世纪经典大厦。
大连高新技术区信息大道规划。
北京四季滑雪馆。

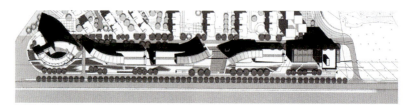

大连高新技术信息大道规划平面图

大连高新技术信息大道规划鸟瞰

哈尔滨市第三中学新校区规划外观之一

哈尔滨市第三中学新校区规划外观之五

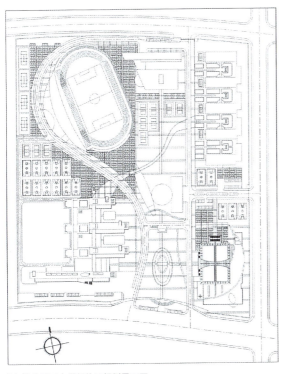

哈尔滨市第三中学新校区规划平面图

哈尔滨市第三中学新校区规划外观之三

哈尔滨市第三中学新校区规划外观之二

大连世纪经典大厦外观

爱建三江美食城外景之一

爱建三江美食城外景之二

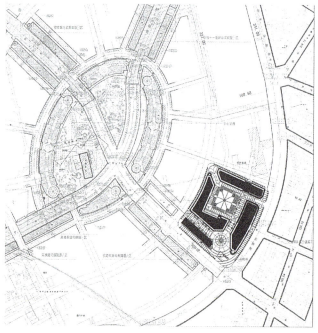

爱建三江美食城总平面图

黑龙江省科技学院教学区教学主楼主入口

黑龙江省科技学院教学区图书馆全景

黑龙江省科技学院教学区教学主楼

哈尔滨国际会展体育中心沿黄河路景观

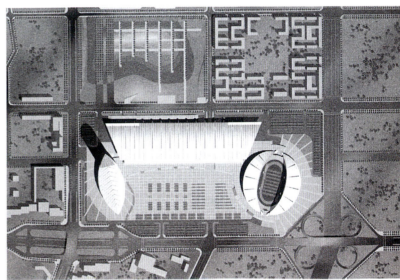

哈尔滨国际会展体育中心总平面图

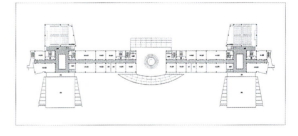
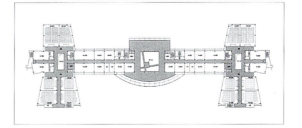

黑龙江省科技学院教学区教学主楼平面图

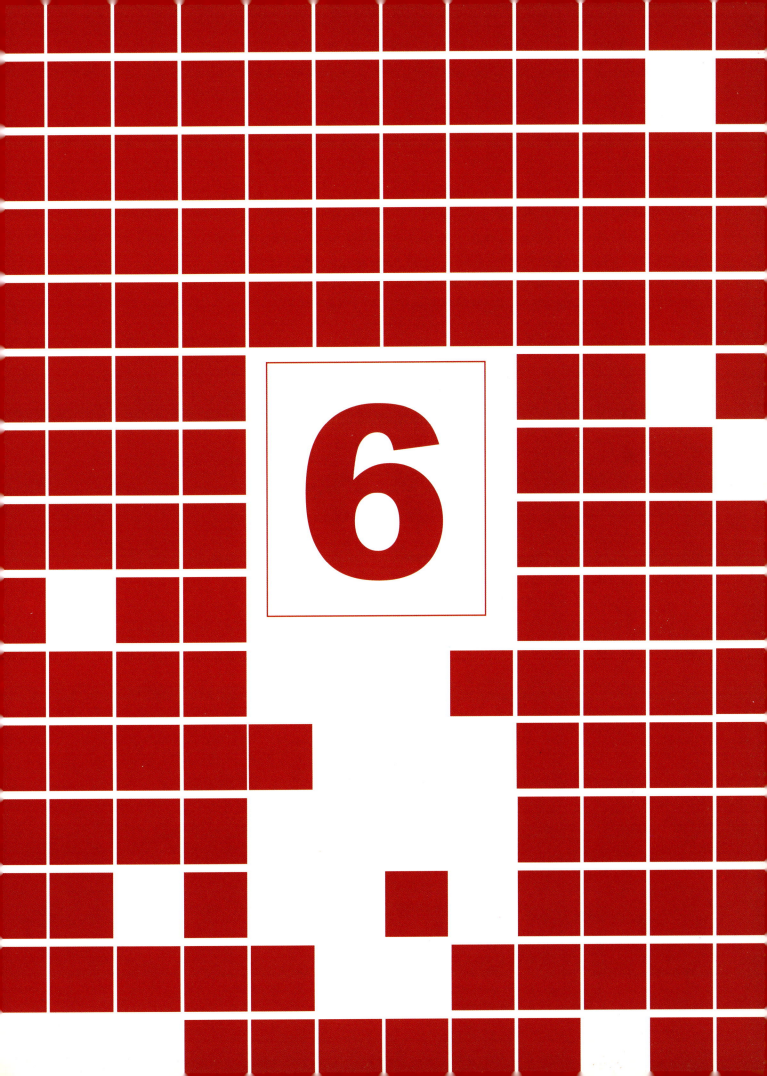

关于开展"第六届中国建筑学会青年建筑师奖"评选工作的通知

各有关单位：

"中国建筑学会青年建筑师奖"评选活动自开展以来，促使一批优秀青年建筑师脱颖而出，得到了社会的认可。"青年建筑师奖"的设立，是一种发现人才的良好"机制"，它对青年建筑师设计水平的提高具有重要的带动作用。为了进一步培养优秀建筑设计人才，鼓励青年建筑师的创作热情和探索精神，促进建筑设计的繁荣与发展，提高青年建筑师的理论与创作水平。中国建筑学会决定于2006年组织开展"第六届中国建筑学会青年建筑师奖"的评选工作。

"中国建筑学会青年建筑师奖"是我国青年建筑师的最高荣誉奖。依据《中国建筑学会青年建筑师奖申报及评审条例》的规定，该奖项的产生，采取由个人申报，单位签署推荐意见，然后由专家评审委员会进行评审的办法进行。为此，请申报者严格遵照《中国建筑学会青年建筑师奖申报及评审条例》中规定的申报条件及要求，填写（电脑操作打印）申报书一式三份以及报送个人作品资料和获奖项目证明材料（按A3标准装订成册）一套（并附作品光盘），并经所在单位审定和签署意见后，于2006年5月30日前报送中国建筑学会。鉴于评审工作的需要，另请提供介绍申报者的演示光盘（5分钟内）。

本届申报者年龄限定为25至35周岁（1965年12月31日至1980年12月31日），申报者提交材料时，需同时提交本人身份证复印件一份。

为搞好申报及评选工作，现将中国建筑学会制定的《中国建筑学会青年建筑师奖申报及评审条例》印发给你们，请认真贯彻执行。

联系地址：北京市三里河路9号中国建筑学会学术部
邮政编码：100835
联 系 人：米祥友　王　京
联系电话：(010)88082240　88082242
传　　真：(010)88082243
电子信箱：xsb@chinaasc.org

中国建筑学会
2006年2月15日

第六届中国建筑学会青年建筑师奖申报及评审条例

第一条 为了培养优秀建筑设计人才,鼓励在建筑设计中勇于探索、脱颖而出的广大青年建筑师,进一步促进建筑设计的繁荣和发展,提高青年建筑师的理论与创作水平,中国建筑学会决定在全国范围内设立"中国建筑学会青年建筑师奖"。

第二条 中国建筑学会青年建筑师奖为设计领域中中国青年建筑师的最高荣誉奖,通过评选活动,表彰在建筑创作设计中作出突出成就的青年建筑师。该奖每两年举办一次,每次奖励人数不超过30名。

第三条 申报范围:申报人必须同时具备下述条件。

1. 热爱祖国,德才兼备,全面发展,有为振兴中华,献身于建筑事业的精神。
2. 从事建筑设计工作三年以上,年龄在25至35周岁内,具有中级或中级以上职称的建筑设计、教学、科研人员。
3. 中国建筑学会或本会地方学会会员(非会员者可以同时办理入会手续)。

第四条 申报条件(资格):申报人还必须具备下述任意一款条件。

1. 在建筑设计中有创新和发展,具有国内外先进水平。
2. 主持或指导过国家重大工程建筑项目设计,具有突出的贡献。
3. 在理论和学术研究中,取得重要成果,促进了学科发展水平。
4. 曾荣获过国家级科技成果、科技进步奖或省(部)级的重要奖项。

第五条 申报程序和要求:

1. 符合本条例申报范围和申报条件的人员,应按规定内容填写《中国建筑学会青年建筑师奖申报书》(以下简称"申报书")一式三份,提供个人作品资料和获奖项目证明材料各一套(按A3标准装订成册)。经所在单位审定并签署意见后,应于申报通知要求的时间内,报送中国建筑学会学术部"青年建筑师奖"评审办公室。鉴于评审工作的需要,并另提供介绍申报者的演示光盘(5分钟内)。
2. 在申报人所填的申报书栏目中,应有申报人员所在单位(或相应组织)签署意见,向本奖评审委员会推荐,同时加盖申报人单位公章。

第六条 每一申报请奖人应缴纳相应数额的评审费,具体费额以每届评选通知的规定为准,评审费应与报送申报书及相关材料同一时间内汇到我会指定的银行账户。

第七条 评审程序:

1. 申报工作截止后,由中国建筑学会学术部负责对申报者进行注册和参评资格预审。待预审完成后应将意见和资料提交给评审委员会。
2. 评审委员会依据本条例的申报条件,首先对申报人及有关项目进行核实,认真观看演示光盘和阅读参评材料,写出初审意见;而后评审委员会再根据评议意见进行协商、讨论和筛选,提出候选名单;遵照公开、公正和公平的评审准则,在候选名单的基础上,严格依照标准进行把关,最后通过无记名投票的方式,确定最终获奖名单,并写出审定意见。

第八条 评审委员会应由学会领导和本学科著名的专家组成。评审委员会人数一般为9至11人,其中主任委员应由学会的正、副理事长担任。

申报该奖项者不能进入评审委员会。同一单位进入评审委员会的成员不宜超过1人。

第九条 获奖人员于表彰前应在中国建筑学会网站或其他媒体上向社会和业界进行公示。

第十条 奖励方式:

1. 在中国建筑学会组织的会议上颁发荣誉证书和奖牌。
2. 在《建筑学报》和有关报刊网站上公布获奖人员名单及介绍获奖人员的作品。
3. 通知获奖者所在的工作单位。

第十一条 资金来源,报名费和国内外企业的捐助。

第十二条 本条例的解释权属中国建筑学会;该条例自2004年1月1日起实施。

第六届中国建筑学会青年建筑师奖评选委员会名单

主任委员

马国馨　　中国建筑学会副理事长、北京市建筑设计研究院总建筑师、中国工程院院士、全国建筑设计大师

委　　员

关肇邺　　清华大学教授、中国工程院院士、全国建筑设计大师

程泰宁　　中国联合工程公司总建筑师、中国工程院院士、全国建筑设计大师

魏敦山　　上海现代建筑设计集团有限公司顾问总建筑师、中国工程院院士、全国建筑设计大师

崔　恺　　中国建筑学会副理事长、中国建筑设计研究院总建筑师、全国建筑设计大师

郭明卓　　广州市设计院总建筑师、全国建筑设计大师

丁　建　　中元国际工程设计研究院院长、总建筑师

赵元超　　中国建筑西北设计研究院总建筑师、教授级高级建筑师

崔　彤　　中科建筑设计研究院副院长、总建筑师

第六届中国建筑学会青年建筑师奖评选工作在京举行

倍受关注的"第六届中国建筑学会青年建筑师奖"自2006年2月15日发出通知后，截止到本奖项申报工作的规定时间2006年5月30日，奖项办公室共收到全国各有关规划、设计单位报送的青年建筑师111人，评选工作于2006年7月27日至28日在北京香山饭店举行。该奖是我国青年建筑师的最高荣誉奖。

评选委员由9位建筑界著名专家组成。中国建筑学会副理事长、北京市建筑设计研究院总建筑师、中国工程院院士、全国建筑设计大师马国馨担任评选委员会主任。委员有清华大学教授、中国工程院院士、全国建筑设计大师关肇邺；中国联合工程公司总建筑师、中国工程院院士、全国建筑设计大师程泰宁；上海现代建筑设计集团有限公司顾问总建筑师、中国工程院院士、全国建筑设计大师魏敦山；中国建筑学会副理事长、中国建筑设计研究院总建筑师、全国建筑设计大师崔恺；广州市设计院顾问总建筑师、全国建筑设计大师郭明卓；中元国际工程设计研究院院长、总建筑师丁建；中国建筑西北设计研究院总建筑师、教授级高级建筑师赵元超；中科建筑设计研究院副院长、总建筑师崔彤。评审工作严格遵照公开、公正和公平的评选原则。评委会分组对申报书和申报材料进行了认真地阅读，同时观看了演示光盘，对相应的作品进行了分析，在分组初评意见的基础上评委会又进行了广泛的讨论，最后通过无记名投票的方式，确定王伟等28位青年建筑师为本届评选的获奖者(见本次奖项的获奖者名单)。该评选结果自2006年8月10日至2006年8月25日在网上进行了公示，公示期间没有疑义的反映，为此，现将获奖结果正式对外宣布和公告。

从本届青年建筑师奖的申报来看，总体水平比上一届又上了一个平台。在我国城市化和建筑事业的飞速发展中，青年建筑师正在中外交流、不断实践、竞争进取的过程中逐步成长，他们奋战在第一线，许多人已成为重要工程项目的领军人物，是设计行业的一支生力军，从他们的业绩中，不仅能看到已具有丰富的工程设计经验，而且令人欣喜地看到他们蓬勃向上的朝气和创新的精神，他们的业绩已充分表现出他们的智慧和才华。相信通过青年建筑师奖评选的这个平台，能够推出更好的青年才俊,让本行业和社会对他们有更多地了解,使中国的现代建筑创作发扬光大,走向世界。当前我国建筑创作处于一个黄金时代,机遇与挑战共存,专家们期望年轻的建筑师虚心学习,扎扎实实打好基本功,把握正确的创作方向,在实践上提高,为创作更多有中国特色的现代建筑而努力拼搏。

　　从这次评奖活动,评委们看到了中国青年建筑师没有辜负这个蓬勃辉煌的时代,不论是创作能力、设计思路还是勤奋敬业等方面看,都涌现了很多的优秀人才,他们以自己的优异成绩,证明他们的创新能力、实践精神和勇于进取的意志。会议认为,在为我们青年建筑师感到骄傲的同时,依然感到建筑师身上的重任。因为,我们依然要思考建筑师责任是什么?建筑师怎样关注建筑的同时去关注建筑与城市的关系;关注中国从"发展"到"发达"过程中所面临的新问题,即怎样在"普遍的"国际化中"中国化"的传承和变革,我们正期待着有别于电脑复制的有特色的中国建筑。

　　本届青年建筑师奖申报者的参与意识强烈,广大青年建筑师积极响应、踊跃参与、态度严肃,大部分申报材料和演示光盘认真规范,具有较高的学术参考价值。可见我国宽松的建筑创作环境为青年建筑师的成长提供了良好的土壤。与会评委祝贺获奖者,希望他们再接再励,不负众望作出更大的成绩,同时也赞赏未获奖者的进取精神,希望在下次青年建筑师奖评选时看到他们以新的成绩再次申报。评审会议还认为,该奖项要进一步扩大影响,加大宣传力度,希望下一届能有更广泛的申报面,欢迎有更多设计单位的青年建筑师积极参与。

中国建筑学会
2006 年 9 月 1 日

第六届中国建筑学会青年建筑师奖评选委员会评委评述

●中国建筑学会副理事长、北京市建筑设计研究院总建筑师、中国工程院院士、全国建筑设计大师**马国馨**：

从总体水平看，本次报送青年建筑师奖的作品与以往比，有新的进步，有相当数量的入选者创意新颖、技法熟练，作品的完成度也较好，表现了较高的水准。

因名额有限，还有一些很杰出的青年建筑师没有入选，从报名情况看，地区和单位的报名情况还很不平衡，需要加强对本奖项的表彰和宣传。

在报送文件上，希望明确演示文件要有声音说明，文字和图片要易于辨认，不要加背景音乐，内容上要把最主要的作品和构想表现清楚，并注明本人在工程中所起的作用，避免作品罗列。

●清华大学教授、中国工程院院士、全国建筑设计大师**关肇邺**：

此次青年建筑奖评选的结果，很令人高兴。从整体上来看，说明今天新的一代青年建筑师普遍有较高的水平，有不俗的表现。申报者特别是获奖的作品较之社会上所习见的建成建筑物明显的提高了一大步，这十分可喜，它们将对未来的建筑创作起到引领作用，预示着我们的建筑将有更好的前景。

当然严格来看，又有不足的地方。总的风格、形式有些趋同，缺少在严酷条件下创造性解决难题，因而产生独特创意的形象设计，对追求中国特色或地方特色的佳作也太少，还需继续努力。

●中国联合工程公司总建筑师、中国工程院院士、全国建筑设计大师**程泰宁**：

这次评选给人印象深刻的有两点，一是很多年青建筑师有机会做那么多、那么大、那么多样的工程，这在十几年前都是不可想象的；二是信息量大，新的理念、新的手法，在我们很多年青建筑师的作品上都有体现，设计思想很活跃。所以我觉得，创作机会多，创作很活跃，我们年青建筑师的创作前景十分看好。

如果说有不足的话，那就是用自己语言说话的建筑师还不是很多，学习借鉴是必要的，但要理解，消化，设计创新不能停留在表面上，更不能生搬硬套。这次入选的一些青年建筑师在这方面做得比较好，有的人工程做得并不多，也不大，但有自己的理解和想法，作品有品位。路子走对了，会有很大的上升空间，在这点上，评委的看法比较统一，也可以说是我们对青年建筑师的期望吧。

中国建筑学会组织这次活动意义很大，中国建筑学的崛起希望就在年青建筑师，所以这种活动要宣传，这对更多年青建筑师来说是一种激励。

●上海现代建筑设计集团有限公司顾问总建筑师、中国工程院院士、全国建筑设计大师**魏敦山**：

这次青年建筑师奖评选对全国青年建筑师的鼓励与发展有很好的作用，希望能继续办下去。也希望以后能多发动一些中小城市的青年建筑师来参与。这次似乎杭州、广州二市的省、市院的得奖者少了一点，是否要适当考虑地区之间的平衡或倾斜。使各地区的青年建筑师能较稳定的为本地区建筑设计事业的发展作出更大的贡献。

●中国建筑学会副理事长、中国建筑设计研究院总建筑师、全国建筑设计大师**崔恺**：

又一届"中国建筑学会青年建筑师奖"产生了，首先对获奖者们表示祝贺！应该说参加这样的评选是一次学习的机会，可以在短时间内了解国内各地青年建筑师创作活动的总体面貌，可以用心去体会他们在创作中投入的激情，碰到的艰辛和付出的努力，应该说申报人都是各地、各单位很出色的建筑创作骨干，虽仔细比较，有时也难以取舍。但毕竟要选择，所以心里总有一把尺子：①建筑师的素质和立场。有的建筑师作品差异很大，让我怀疑他对不同项目的不同态度，甚至疑惑好的作品他在其中的真实作用。②建筑语汇的个性化和地方性。几年前兴起的简约风格现在已经普及了，说明整体水平又上了一个平台，是好事，但从更高的标准，也是更紧迫的希望就是我们这代建筑师如何延续我们自己的建筑文化。③做事和做人。在申报者中有不少人的作品是与他人合作的成果，实际建筑作品的完成也的确靠大家的努力，如实地表明自己在其中的作用，实事求是是个做人的问题。我真希望所有的获奖者无论在专业上还是在人品上都相当优秀。当然，我这样说绝不是怀疑这些朋友的人品，只是想提醒这样的疏漏容易引起别人的误会，惹些不必要的麻烦。每个人在创作中注入的智慧都值得我们大家共同尊重，不是吗？

最后，我预祝获奖的青年建筑师们为中国建筑事业的发展发挥更大的作用。我也期待着下一次新人的到来！

●广州市设计院顾问总建筑师、全国建筑设计大师**郭明卓**：

这次报名参加评选的111名青年建筑师，是我国建筑界的新生力量，也是各单位的设计骨干，他们朝气勃勃、茁壮成长是十分令人可喜的现象。有几点看法：

1. 我国建筑设计水平已普遍提高，青年建筑师能紧跟世界潮流，对一些新的设计理念和设计手法，也能理解和比较纯熟地运用，很大程度改变了以往生吞活剥的现象。

2. 随着资讯的发达，建筑师之间的交流非常方便，因此设计风格上趋同的现象比较突出，有个性、有创新的设计作品并不多。

3. 建设中国年青建筑师深入研究中国各地各类的文化，从千差万别的中国文化中提取新的设计理念去指导设计，用对文化的追求代替单纯对形式的追求。努力贯彻适用、经济、美观的设计原则，节能、节材、节地的建筑应得到认可和提倡。

●中元国际工程设计研究院院长、总建筑师**丁建**：

本次评选可以看出青年建筑师总体水平不错，且承担了大量建设工程任务，评选从建筑的原创性（作为主创人员）、建筑的成品度（建成后的综合效果），以及创作理念和技巧等方面进行了全面比较，从中选优。并且111名青年建筑师也来自不同的地域和设计单位，从他们的作品中也反映了各地的水平和建设发展基本状况，所以这次评选也注重了个人、单位、地域代表的原则。

从青年建筑师所完成的作品来看，也反映出一些问题。其中比较突出的是设计手法的趋同问题。其真正反映气候、地方文化、材料等特点的设计作品不多。材料的使用不够多样性，特别是就地取材，适宜技术与建筑风格和功能的结合探索不够。

●中国建筑西北设计研究院总建筑师、教授级高级建筑师**赵元超**：

1.青年建筑师奖应从报名、评选等环节进一步广泛宣传，从而加强该奖的知名度、权威性。如在报名阶段，应在主要杂志和媒体上刊登广告，减少报名的环节，单位仅对其作品的真实度签署意见。

2.为体现公开、公正、公平并方便评选，应对申报材料的基本内容进行一定的限制：如限制申报作品的数量（最能体现个人设计理念5个作品进行详细介绍，其他作品采取列表方式简要介绍）；每一作品应注明个人所在工程中担负的角色（方案设计者、项目负责人、工种负责人等）；演示光盘应规定为多媒体（有解说）。

●中科建筑设计研究院副院长、总建筑师**崔彤**：

在这次高水平、高起点的青年建筑师奖的评选活动中，我们看到了不断成长的青年建筑师求索、创新的建筑实践活动。

1.表现在最短时间内完成的大量作品；

2.表现在青年建筑师队伍所完成诸多的国家级重点项目；

3.表现在国际合作中所承担的重要角色；

4.表现在对生态建筑和可持续发展建筑的关注；

5.表现在对设计全过程的控制力和执行力；

6.表现在对技术细节的不懈追求；

7.表现在青年建筑师从产品—正品—作品—精品的转变过程中。

通过两天的评选研读和学习过程中，在为我们青年建筑师感到骄傲的同时，依然感到建筑师身上的重任。因为，我们依然要思考建筑师责任是什么？建筑师怎样关注建筑的同时去关注建筑与城市的关系；关注中国从"发展"到"发达"过程中所面临的新问题，即怎样在"普遍的"国际化中"中国化"的传承和变革，我们正期待着有别于电脑复制的有特色的中国建筑。

第六届中国建筑学会青年建筑师奖获奖人员名单

王　伟	男	中国美术学院风景建筑设计研究院
文　兵	男	中国建筑设计研究院
汤朝晖	男	华南理工大学建筑设计研究院
张　男	男	中国建筑设计研究院
宋晔皓	男	清华大学建筑学院
李麟学	男	同济大学建筑与城市规划学院
高庆辉	男	东南大学建筑设计研究院
凌克戈	男	华东建筑设计研究院有限公司
鲁　丹	男	浙江大学建筑设计研究院
吕　丹	男	中元国际工程设计研究院
戎武杰	男	上海现代建筑设计(集团)有限公司现代都市建筑设计院
张　彤	男	东南大学建筑学院
谷　建	男	中元国际工程设计研究院
吴　晨	男	北京市建筑设计研究院
肖　蓝	女	华森建筑与工程设计顾问有限公司
赵劲松	男	天津大学建筑学院
秦　峰	男	中国建筑西北设计研究院
傅绍辉	男	中国航空工业规划设计研究院
叶　彪	男	清华大学建筑设计研究院
付本臣	男	哈尔滨工业大学建筑设计研究院
刘　艺	男	中国建筑西南设计研究院
朱铁麟	男	天津市建筑设计院
杜　松	男	北京市建筑设计研究院
张　斌	男	同济大学建筑设计研究院
陈　缨	女	华东建筑设计研究院有限公司
李亦农	女	北京市建筑设计研究院
陆晓明	男	中信武汉市建筑设计院
黄　勇	男	哈尔滨工业大学建筑学院

注：按得票数及姓氏笔画排列

第六届中国建筑学会青年建筑师奖获奖者作品实录

Wang Wei 王伟

姓　　名：王伟
性　　别：男
出生日期：1971年7月23日
工作单位：中国美术学院风景建筑设计研究院
职　　称：高级建筑师

个人简历（从大学起）
1988～1993年：浙江大学建筑系。
1993～2001年：杭州市建筑设计研究院主任建筑师。
2001年至今：中国美术学院风景建筑设计研究院副总建筑师、所长。

主要工程设计作品
杭州红星文化大厦：2001年浙江省优秀设计一等奖；
2002年建设部优秀设计二等奖；
2002年全国第十届优秀工程设计铜奖。
杭州学军中学图书馆、教学楼：
2001年浙江省优秀设计二等奖。
杭州花家山庄杜鹃楼：
1997年浙江省优秀设计三等奖；
1998年建设部优秀设计表扬奖。
"迈向二十一世纪的中国住宅"设计竞赛：
1998年浙江省优秀设计二等奖；
1998年建设部优秀设计优秀设计奖。
浙江大学附属第一医院门诊综合楼：
2004年浙江省优秀设计二等奖。
杭州日报新闻大厦：
2004年浙江省优秀设计二等奖。
嘉兴市博物馆：
2005年浙江省优秀设计三等奖。

杭州红星文化大厦外观

杭州日报新闻大厦

杭州花家山庄杜鹃楼

嘉兴市博物馆外观之一

嘉兴市博物馆外观之二

嘉兴市博物馆外观之二

杭州学军中学外观之一

杭州学军中学外观之二

浙江平湖市图书馆夜景

浙江大学附属第一医院门诊综合楼大门

浙江大学附属第一医院门诊综合楼外观

浙江平湖市图书馆外观

中国建筑学会青年建筑师奖获奖者作品集

Wen Bing 文兵

姓　　名：文兵
性　　别：男
出生日期：1970年10月18日
工作单位：中国建筑设计研究院
职　　称：高级建筑师

个人简历（从大学起）
1988年～1994年：重庆建筑大学建筑学院获建筑学学士学位。
1994年～1997年：清华大学建筑学院获建筑学硕士学位。
1997年～2002年：中国建筑设计研究院建筑师。
2002年～2002年：首都师范大学进修法语。
2002年～2003年：法国里昂建筑学院进修"100位中国建筑师留学法国计划"。
2003年至今：中国建筑设计研究院建筑院一所所长。

主要工程设计作品
北京奥林匹克花园一期工程：北京市优秀工程设计一等奖；
中国建筑设计研究院优秀设计一等奖。
北京市百朗园：北京市优秀工程设计三等奖；
中国建筑设计研究院优秀施工图设计三等奖。
北京康堡花园：北京市优秀工程设计三等奖；
中国建筑设计研究院优秀施工图设计 二等奖。
宁波天合家园：中国建筑设计研究院优秀设计一等奖。
大沽口炮台遗址博物馆设计：中国建筑设计研究院优秀设计一等奖。
宁波天一家园：中国建筑设计研究院优秀设计二等奖。
北京神舟科技大厦：中国建筑设计研究院优秀设计三等奖。
武汉二汽新总部：中国建筑设计研究院优秀设计二等奖。
大庆市龙南医院：中国建筑设计研究院优秀设计三等奖。
珠海人民家园：中国建筑设计研究院优秀设计三等奖。

武汉二汽新总部外观之一

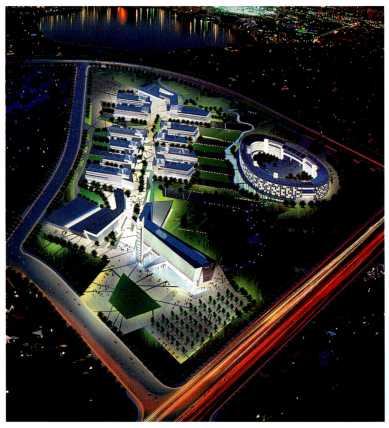

武汉二汽新总部鸟瞰

武汉二汽新总部之二

大沽口炮台遗址博物馆设计鸟瞰

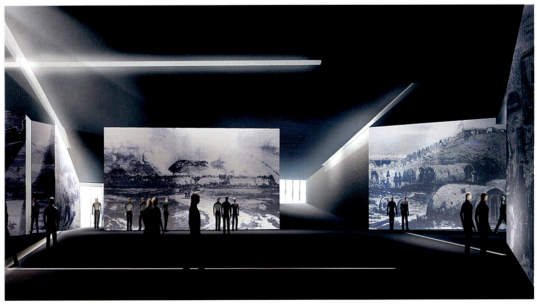

大沽口炮台遗址博物馆设计内景

大庆市龙南医院

宁波天一家园总平面图

北京康堡花园

宁波天一家园住宅外观

北京神舟科技大厦外观

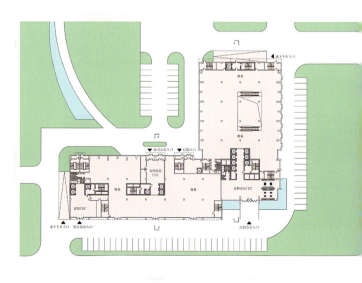
北京神舟科技大厦总平面

北京百朗园住宅外观

北京百朗园总平面图

北京百朗园住宅外观局部

北京奥林匹克花园一期工程外景之一

北京奥林匹克花园一期工程外景之二

北京奥林匹克花园一期工程总平面图

宁波天合家园总平面图

宁波天合家园住宅外观

Tang Zhaohui 汤朝辉

姓　　名：汤朝辉
性　　别：男
出生日期：1967年4月29日
工作单位：华南理工大学建筑设计研究院
职　　称：高级工程师

个人简历（从大学起）
1989年：华南理工大学建筑学院毕业获学士学位。
1998年：华南理工大学建筑学院毕业获硕士学位。
2003年：华南理工大学建筑学院毕业获博士学位。
1989年至今：就职于华南理工大学建筑设计研究院。现任华南理工大学建筑设计研究院建筑师、硕士生导师、主持建筑工作室。
1990～1991年：获公派往香港何显毅建筑师事务所工作。
1998～1999年：入选中法两国联合组织的"50名中国建筑师留学法国"学术交流计划。

主要工程设计作品
珠海机场候机楼：1998年教育部一等奖；
1998年建设部一等奖；
2000年优秀建筑设计国家金奖。
浙江大学紫金港校区东教学组团：
2003年教育部一等奖；
2003年建设部二等奖；
2003年广东优秀建筑创作奖；
2004年优秀建筑设计国家银奖。
广东工业实训中心：
2003年教育部三等奖；
2003年广东优秀建筑创作奖。
虎门鸦片战争海战博物馆：
2000年教育部一等奖；
2000年建设部三等奖；
2001年广东优秀建筑创作奖。
广东外语外贸大学教学楼与办公楼：
1998年全国优秀教育建筑评选优秀奖。
肇庆市国税局教育培训中心：
2000年教育部二等奖；
2000年建设部三等奖；
2001年广东建筑创作奖提名奖。
武汉水利电力大学教学楼：
2002年教育部二等奖；
2002年建设部三等奖。
飘雪鼎湖山泉办公楼：
2005年广东省优秀建筑创作奖提名奖。
南宁翡翠园康居示范小区：建设部住宅产业司康居示范小区规划优秀奖。

南宁翡翠园康居示范小区鸟瞰

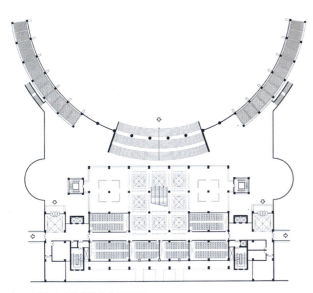

武汉水利电力大学教学楼首层平面

武汉水利电力大学教学楼外观

浙江大学紫金港校区东教学组团平面图

浙江大学紫金港校区东教学组团外景之二

浙江大学紫金港校区东教学组团外景之一

飘雪鼎湖山泉办公楼室内大堂

飘雪鼎湖山泉办公楼总平面图

肇庆市国税局教育培训中心外观

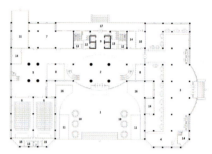
肇庆市国税局教育培训中心首层平面图

飘雪鼎湖山泉办公楼外观

肇庆市国税局教育培训中心总平面图

广东外语外贸大学教学楼与办公楼外观

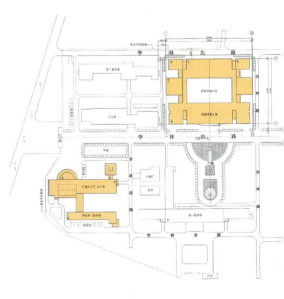
广东外语外贸大学教学楼与办公楼总平面图

广东工业实训中心首层平面图

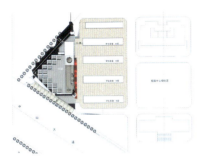
广东工业实训中心总平面图

广东工业实训中心外景

珠海机场候机楼内景

虎门鸦片战争海战博物馆外观之一

虎门鸦片战争海战博物馆外观之二

虎门鸦片战争海战博物馆总平面

131

Zhang Nan 张男

姓　　名：张男
性　　别：男
出生日期：1968年2月27日
工作单位：中国建筑设计研究院
职　　称：建筑师

个人简历（从大学起）
1986年~1990年：山东建筑工程学院建筑学专业获工学学士学位。
1990年~2001年：济南市建筑设计研究院。
1993年~1997年：济南市建筑设计研究院方案创作室。
1997年~1999年：济南市建筑设计研究院第四设计所副主任建筑师。
1999年~2001年：济南市建筑设计研究院第四设计所主任建筑师。
1998年~2000年：历年获院先进工作者及优秀党员称号。
2001年~2004年：天津大学建筑学院建筑设计及其理论专业完成硕士论文《遗址博物馆建筑研究——"区外"模式遗址博物馆建筑设计初探》获工学硕士学位。
2004年至今：中国建筑设计研究院崔愷工作室。
2005年中国古迹遗址保护协会会员。
2006年北京第二届青年规划师建筑师演讲比赛二等奖。
题目："大象无形——面对遗址的建筑态度"。
山东济南市泉城广场：
济南市优秀工程一等奖。
北京市西城区德胜新城D1、D2地块写字楼：
中国建筑设计研究院优秀方案奖二等奖。
北京金融街A—5项目：中国建筑设计研究院优秀方案奖三等奖。
辽宁桓仁五女山山城高句丽遗址博物馆：
中国建筑设计研究院施工图设计奖三等奖。
宁波东方渔都美食文化广场：中国建筑设计研究院优秀方案奖一等奖。

浙江舟山渔都美食广场夜景

浙江舟山渔都美食广场鸟瞰

浙江舟山渔都美食广场外观

北京德胜尚城商务办公小区外观之一

北京德胜尚城商务办公小区外观之二

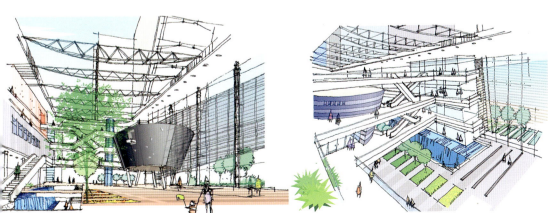

北京金融街Ａ—５项目内景之一　　　　　　北京金融街Ａ—５项目内景之二

北京金融街Ａ—５项目外观

中国建筑学会青年建筑师奖获奖者作品集

山东济南市泉城广场全景

山东济南市泉城广场文化艺术长廊局部之一

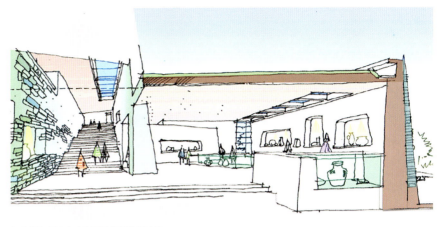

辽宁桓仁五女山高句丽遗址博物馆内景

辽宁桓仁五女山高句丽遗址博物馆鸟瞰

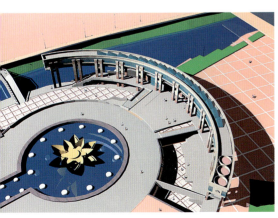

山东济南市泉城广场文化艺术长廊局部之二

辽宁桓仁五女山高句丽遗址博物馆外观局部

Song Yehao 宋晔皓

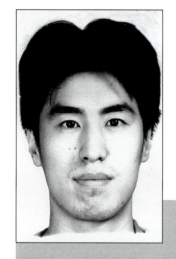

姓　　名：宋晔皓
性　　别：男
出生日期：1970年9月28日
工作单位：清华大学建筑学院
职　　称：副教授

个人简历（从大学起）

2003年~2004年：德国慕尼黑工业大学建筑系国家公派访问学者进修一年。
1993年~1998年：清华大学建筑学院建筑设计及其理论专业，获得清华大学工学博士、建筑学硕士学位。
1988年~1993年：清华大学建筑学院，获得建筑学学士，毕业设计专业为城市规划与设计。
2002年至今：清华大学建筑学院副教授。
1997年~2002年：清华大学建筑学院讲师。
2000年通过国家一级注册建筑师资格考试，获得国家一级注册建筑师资格。
专门研究领域为绿色建筑设计理论及其实践。
迄今出版专著1本。在国内核心期刊，以及参加国际学术讨论会发表论文近20篇。
参加和主持建筑设计以及城市规划和设计工程20多项。常熟图书馆项目获2005年教育部优秀建筑设计一等奖，及2004年"WA中国建筑优胜奖"。还曾获得首届"首届中国绿色住宅设计大赛"二等奖第一名，以及"清华大学优秀博士论文"奖及"清华大学优秀博士毕业生"称号等。此外，教学方面还获得清华大学"校级优秀教学成果一等奖"；"清华大学优秀青年教师群体奖"。

主要工程设计作品

常熟图书馆：
2005年教育部优秀建筑设计奖一等奖；
2004年WA中国建筑奖一等奖。
中央美术学院及附中新校园规划设计方案；
1996年首都十佳建筑奖。
四川德阳东汽集团表面工程研究所研发楼。
浙江清华长三角研究院研发楼。
张家港生态农宅。
山东烟台核电培训基地。
河南漯河许慎文化景园建筑。
杭州三墩新城城市设计竞赛。
安徽淮北图书馆。
济南经十路351号旧厂改造项目。
山东曲阜孔子研究院。
泰山博物馆。

杭州三墩新城鸟瞰

杭州三墩新城文化活动中心透视

杭州三墩新城城市设计五里塘水乡风情

山东曲阜孔子研究院从水池看牌坊

山东曲阜孔子研究院广场景观1

山东曲阜孔子研究院广场景观2

河南漯河许慎文化景园建筑文圣馆　　河南漯河许慎文化景园建筑鸟瞰　　河南漯河许慎文化景园建筑入口

中国建筑学会青年建筑师奖获奖者作品集

中央美术学院及附中新校园规划设计方案外景

中央美术学院及附中新校园规划设计方案外景

四川德阳东汽集团表面工程研究所研发楼内景

四川德阳东汽集团表面工程研究所研发楼接待中心入口

四川德阳东汽集团表面工程研究所研发楼鸟瞰

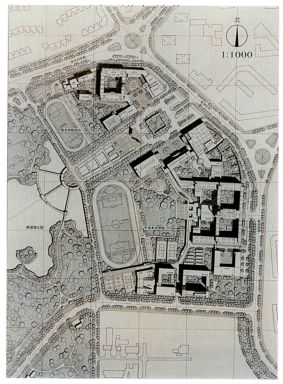

中央美术学院及附中新校园规划设计方案总平面图

山东烟台核电培训基地鸟瞰

山东烟台核电培训基地办公中心休息水庭院

常熟图书馆南立面景观

常熟图书馆东南角鸟瞰

常熟图书馆水院

常熟图书馆入口庭院

Li Linxue 李麟学

姓　　名：李麟学
性　　别：男
出生日期：1970年10月29日
工作单位：同济大学建筑与城市规划学院
　　　　　同济大学建筑设计研究院
职　　称：副教授

个人简历（从大学起）

1988年～1993年：同济大学建筑与城市规划学院建筑学学士。
1993年～1996年：同济大学建筑与城市规划学院建筑学硕士。
1998年～2004年：同济大学建筑与城市规划学院工学博士。
1996年至今：同济大学建筑与城市规划学院助教、讲师、副教授。
1997年至今：国家一级注册建筑师。
2000年～2001年："50位建筑师在法国"中法交流项目，巴黎Paris' Belleville建筑学院进修，法国O·黛克建筑事务所实习。
2002年至今：《时代建筑》专栏主持人。

主要工程设计作品

杭州市市民中心。
四川大学新校区第一教学楼与行政楼：
第四届上海国际青年建筑师设计作品展一等奖；
2004大连国际典范设计大赛二等奖。
上海电视大学教学综合楼。
葛洲坝大厦。
东营市文化艺术中心。

四川大学新校区行政楼庭院内部透视图1

四川大学新校区行政楼庭院内部透视图2

四川大学新校区第一教学楼内街透视

四川大学新校区行政楼西南侧透视

四川大学新校区第一教学楼东侧透视

四川大学新校区第一教学楼南侧透视

四川大学新校区第一教学楼北侧透视

葛洲坝大厦内景之一

上海电视大学教学综合楼外观之一

葛洲坝大厦群体高层空间

上海电视大学教学综合楼外观之二

上海电视大学教学综合楼内景

葛洲坝大厦内景之二

葛洲坝大厦浦电路方向透视

上海电视大学教学综合楼一层平面图

杭州市市民中心鸟瞰图

杭州市市民中心外观之一

杭州市市民中心内景

杭州市市民中心外观之二

杭州市市民中心外观之三

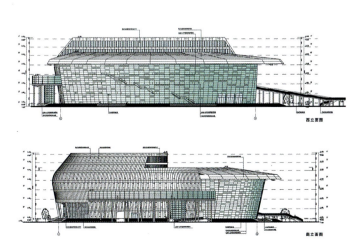

东营市文化艺术中心立面图

东营市文化艺术中心

中国建筑学会青年建筑师奖获奖者作品集

Gao Qinghui 高庆辉

姓　　名：高庆辉
性　　别：男
出生日期：1973年12月22日
工作单位：东南大学建筑设计研究院
职　　称：工程师

个人简历（从大学起）

1992年~1997年：西安交通大学建筑工程系本科、工学学士。
1997年~2000年：东南大学建筑系硕士研究生、建筑学硕士。
2000年至今：东南大学建筑设计研究院建筑师。
东南大学建筑学院在职博士研究生。

主要工程设计作品

广东省中山市小榄镇永宁村中心规划；
第二届上海国际青年建筑师设计作品展优秀奖；
首届江苏省中青年建筑师建筑创作奖三等奖。
深圳龙岗文化体育中心；
首届江苏省中青年建筑师建筑创作奖三等奖。
浙江长兴大剧院：方案投标竞赛，中标。
广东东莞人民大会堂方案投标竞赛，中标。
南京市土地矿产资源交易中心方案投标竞赛，中标。
深圳大亚湾核电现场总部办公楼方案投标竞赛，中标。
温州市图书馆及档案馆合建工程方案投标竞赛，中标。
江苏省图书城方案投标竞赛一等奖。

南京市土地矿产资源交易中心

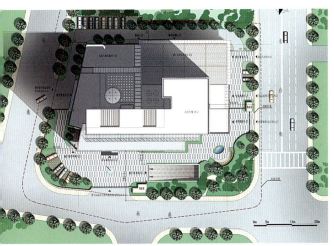
南京市土地矿产资源交易中心总平面图

深圳大亚湾核电现场总部办公楼1

深圳大亚湾核电现场总部办公楼2

深圳大亚湾核电现场总部办公楼东侧道路透视

浙江长兴大剧院西南向全景

浙江长兴大剧院内景

浙江长兴大剧院观众休息厅

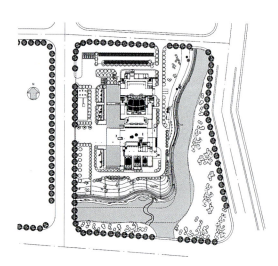
浙江长兴大剧院总平面图

浙江长兴大剧院近景

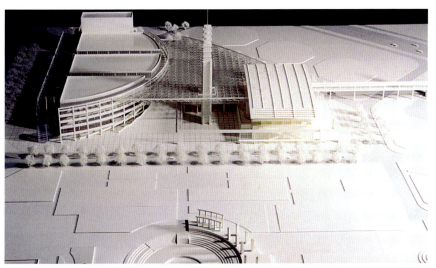
深圳龙岗文化体育中心模型

深圳龙岗文化体育中心外观之一

深圳龙岗文化体育中心外观之二

Ling Kege 凌克戈

姓　　名：凌克戈
性　　别：男
出生日期：1977年9月17日
工作单位：现代设计集团华东建筑设计研究院有限公司
职　　称：工程师

个人简历（从大学起）
1996年～2001年：重庆建筑大学建筑学学士。
2001年至今：华东建筑设计研究院创作所设计室主任。

主要工程设计作品
第二届上海青年建筑师新秀奖铜奖（省级）。
外滩十五号甲地块：（上海）2004年第四届国际青年建筑师作品展一等奖（省级）。
厦门国宾馆区规划及单体设计：（上海）2003年第三届国际青年建筑师作品展三等奖（省级）。
厦门国宾馆：（大连）国际青年建筑师设计作品大赛三等奖（部级）。
厦门迎宾馆：2005年华东建筑设计院创作奖第一名（院级）。
南京鼓楼医院：2004年华东建筑设计院原创作品奖第二名（院级）。

厦门迎宾馆主楼庭院

厦门迎宾馆效果图

厦门迎宾馆总平面图

厦门迎宾馆铺楼室内透视图

厦门世茂国宾馆主楼

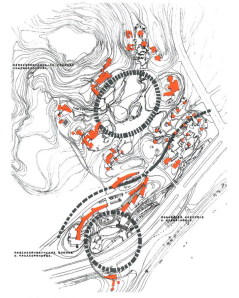

厦门世茂国宾馆总平面图

南京鼓楼医院大厅透视图

南京鼓楼医院沿天津路透视图

外滩十五号甲地块1　　　　　　　　　　　外滩十五号甲地块2

外滩十五号甲地块3

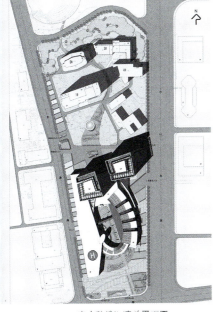

南京鼓楼医院总平面图

南京鼓楼医院鸟瞰图

Lu Dan 鲁丹

姓　　名：鲁丹
性　　别：男
出生日期：1970年8月4日
工作单位：浙江大学建筑设计研究院
职　　称：高级建筑师

个人简历（从大学起）
1988年～1992年：东南大学建筑系。
1992年～2000年：安徽省建筑设计研究院。
2001年至今：浙江大学建筑设计研究院。

主要设计工程作品
温州大学新校区图书馆：浙江省建设工程钱江杯优秀勘察设计(2005年度)一等奖。
浙江大学紫金港校区图书信息中心：教育部优秀建筑设计(2005年度)三等奖。
安徽省体育综合训练馆：安徽省优秀工程勘察设计(2001年度)二等奖。
蒙城二中教学楼：安徽省优秀工程勘察设计(1999年度)三等奖。
迈向二十一世纪的中国住宅"九五"住宅设计方案竞赛［建设部(1998年)］三等奖。

安徽省体育综合训练馆

中国电子科技集团第三十八研究所科研中心外观局部(合肥)

中国电子科技集团第三十八研究所科研中心外观(合肥)

中国电子科技集团第三十八研究所科研中心内景顶部(合肥)

温州大学新校区图书馆外景

温州大学新校区图书馆内景

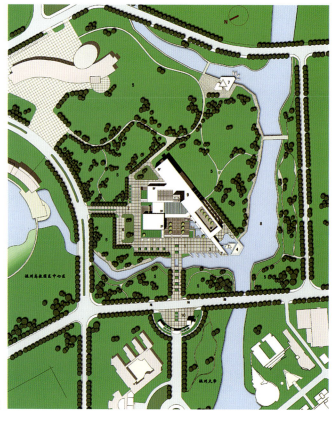

温州大学新校区图书馆总平面图

杭州钱唐春晓小区总平面布置图

浙江大学紫金港校区总平面图

杭州钱塘春晓小区住宅外观

浙江大学紫金港校区建筑内景

浙江大学紫金港校区行政中心

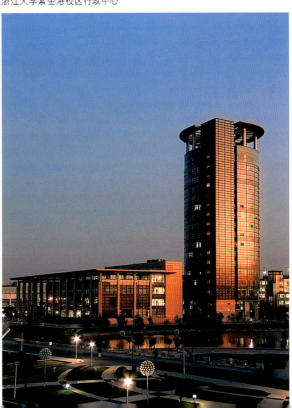

Lv Dan 吕丹

姓　　名：吕丹
性　　别：男
出生日期：1967年10月9日
工作单位：中元国际工程设计研究院
职　　称：高级建筑师

个人简历（从大学起）
1985年～1989年：华中理工大学建筑系建筑学专业。
1989年～1997年：辽宁鞍钢设计研究院民用建筑所。
1997年～2000年：华中理工大学建筑学院建筑学专业。
2000年至今：中元国际工程设计研究院建筑规划创作所。

主要工程设计作品
美国未来工业城市国际城市设计竞赛：国际竞赛荣誉奖三等奖。
北京中关村软件园修建性详细规划：第一届机械行业优秀工程咨询成果奖一等奖。
北京大兴生物与医药产业基地"生命之源国际广场"标志性建筑群：2003年度院优秀规划奖（国际竞赛第一名）一等奖。
中关村康体影视城：2004年度公司优秀方案奖（投标中标方案）一等奖。
高性能战略计算能力建设规划建筑设计方案：2004年度公司优秀方案奖（投标中标方案）一等奖。
中国美术馆二期扩建方案：2005年度公司优秀方案奖一等奖。
东直门交通枢纽暨东华广场商务区：2005年度公司优秀方案奖一等奖。

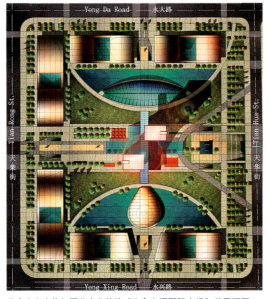

北京大兴生物与医药产业基地"生命之源国际广场"总平面图

北京大兴生物与医药产业基地"生命之源国际广场"标志性建筑群

中关村康体影视城夜景

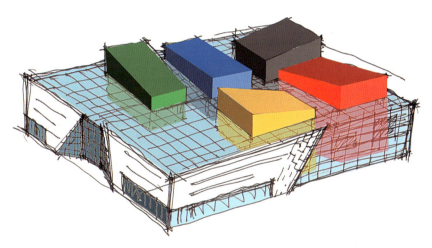

中关村康体影视城

中关村康体影视城外观

高性能战略计算能力建设规划及建筑设计方案（建筑外观）

北京中关村软件园修建性详细规划景观之一

高性能战略计算能力建设规划及建筑设计方案（建筑鸟瞰）

北京中关村软件园修建性详细规划景观之二

高性能战略计算能力建设规划及建筑设计方案鸟瞰

高性能战略计算能力建设规划及建筑设计方案总平面图

北京中关村软件园修建性详细规划总平面图

中国美术馆二期扩建方案内景之一

中国美术馆二期扩建方案内景之二

中国美术馆二期扩建方案鸟瞰

东直门交通枢纽暨东华广场商务区内景

中国美术馆二期扩建方案外观

东直门交通枢纽暨东华广场商务区总平面

东直门交通枢纽暨东华广场商务区外观

Rong Wujie 戎武杰

姓　　名：戎武杰
性　　别：男
出生日期：1966年1月3日
工作单位：上海现代建筑设计(集团)有限公司现代都市建筑设计院
职　　称：高级建筑师

个人简历（从大学起）

1984年~1988年：东南大学建筑系建筑学毕业。
1988年~1997年：上海建筑设计研究院工作（原上海市民用建筑设计院）。
1990年~1996年：于上海建筑设计院海南分院工作。
1998年~2001年：现代建筑设计集团邢同和建筑创作室工作。
2001年：美国田纳西州GS＆P设计公司工作。
2002年~2004年：现代建筑设计集团建筑设计部工作。
2004年至今：现代建筑设计集团现代都市院工作。

主要工程设计作品

德派斯大厦：海口市建筑优秀设计奖三等奖。
中国城：海口市建筑优秀设计奖三等奖。
南京文化艺术中心：上海市建筑优秀设计奖三等奖。
西郊公寓酒店：上海市建筑优秀设计奖三等奖。
上海浦东世纪公园：第三届上海国际青年建筑师设计二等奖。
展示厅：（大连）国际典范设计大赛三等奖。
南京江宁区经济技术开发区管委会办公楼：上海首届青年建筑师新秀奖；上海建筑设计研究院院优秀建筑设计奖银奖（二等奖）。

上海市人民检察院检察官培训中心外观

上海市人民检察院检察官培训中心外观之一

上海市人民检察院检察官培训中心外观之二

中国建筑学会青年建筑师奖获奖者作品集

南京江宁区经济技术开发区管委会办公楼外观之一

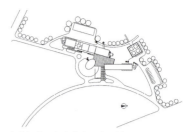

南京江宁区经济技术开发区管委会办公楼总平面图

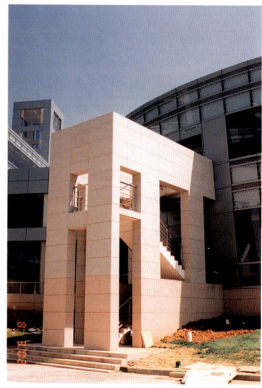

南京江宁区经济技术开发区管委会办公楼外观之二

南京文化艺术中心沿街北立面

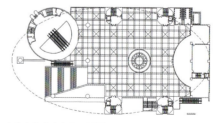

南京文化艺术中心一层平面图

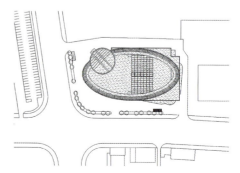

南京文化艺术中心总平面图

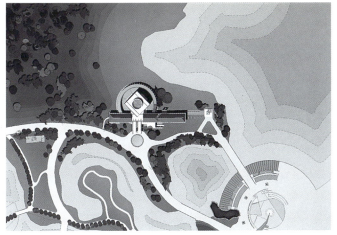
上海浦东世纪公园展示厅平面

上海浦东世纪公园展示厅外景

上海浦东世纪公园展示厅内景

上海浦东世纪公园展示厅全景

Zhang Tong 张彤

姓　　名：张彤
性　　别：男
出生日期：1969年5月2日
工作单位：东南大学建筑学院
职　　称：教授

个人简历（从大学起）
1987年~1992年：浙江大学建筑系学习、学士学位。
1992年~1995年：东南大学建筑研究所学习，硕士学位。
1995年~1999年：东南大学建筑研究所学习、博士学位。
1992年~2004年：东南大学建筑研究所工作、任助教、讲师、副教授。
2004年至今，东南大学建筑学院工作、任副教授、教授、建筑系副主任。
1995年~1995年：受日本建筑师安藤忠雄资助参加"大阪国际建筑与艺术短期研修计划"。
1998年~1998年：瑞士联邦苏黎世高等工业大学 (Eidgenössische TechnischeHochshule Zürich) 建筑系，访问学者。
1999年~2000年：法国巴黎机场公司工程设计部 (Aéroports de Paris / Architects—Engineers—Planners) 进修。
2004年~2004年：瑞典皇家工学院 (Royal Institute of Technology, Sweden) 学术访问。

主要工程设计作品
南京农业大学图书馆 (2006年度)：江苏省省级优秀工程设计奖一等奖。
南京农业大学图书馆 (2005) 年度：南京市市级优秀工程设计奖一等奖。
都市建构—西安市明城墙北段连接工程设计竞赛方案：2003中国青年建筑师奖佳作奖。
镇海口海防历史纪念馆 (1998年度)：浙江杯优秀工程设计奖金奖。
镇海口海防历史纪念馆：1998年度建设部部级城乡建设优秀勘察设计奖三等奖。
中国人民解放军海军诞生地纪念馆：2000年度江苏省省级第九届优秀工程设计奖一等奖。
中国人民解放军海军诞生地纪念馆：2000年度江苏省城乡建设系统优秀设计奖一等奖。
中国人民解放军海军诞生地纪念馆：2000年度建设部部级城乡建设优秀勘察设计奖二等奖。
中国2010年上海世界博览会规划设计，"中国山"、世博塔设计方案：The Architectural Review 2004年度城市景观设计大奖 (The Cityscape 2004 Architectural Review Awards) 综合利用类大奖。

中国2010年上海世界博览会规划设计，"中国山"世博塔设计方案夜景鸟瞰图

中国2010年上海世界博览会规划设计，"中国山"世博塔设计方案日景鸟瞰图

中国 2010 年上海世界博览会规划设计"中国山"内景透视图

镇海口海防历史纪念馆西南全景

镇海口海防历史纪念馆室内大厅

镇海口海防历史纪念馆二层主入口与纪念碑

中国建筑学会青年建筑师奖获奖者作品集

都市建构—西安市明城墙北段连接工程设计竞赛方案总体鸟瞰图

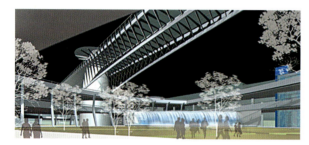

都市建构—西安市明城墙北段连接工程设计竞赛方案下沉式绿化庭院透视图

都市建构—西安市明城墙北段连接工程设计竞赛方案局部

南京农业大学图书馆内景

南京农业大学图书馆北楼侧景

南京农业大学图书馆夜景一

南京农业大学图书馆夜景二

南京农业大学图书馆外观

Gu Jian 谷建

姓　　名：谷建
性　　别：男
出生日期：1966年4月27日
工作单位：中元国际工程设计研究院
职　　称：研究员级高级工程师

个人简历（从大学起）
1982年～1986年：合肥工业大学建筑工程系建筑学专业，获学士学位。
1986年至今：中元国际工程设计研究院从事建筑设计。
2001年～2005年：清华大学建筑学院获工程硕士学位。

主要工程设计作品
佛山市第一人民医院：2000年国家优秀设计铜奖。
佛山市第一人民医院：
2000年建设部优秀设计银奖；
第六届机械工业优秀工程设计一等奖；
1997年院优秀设计奖特等奖。
复旦大学附属肿瘤医院：
2003年院优秀方案奖。
H986大连大窑湾海关：
2001年院优秀设计奖一等奖。
H986海关集装箱检查系统：
2001年院优秀设计奖特等奖。
中关村国际生命医疗园规划：
2003年院优秀规划奖。
佛山市第一人民医院肿瘤防治中心：
2003年院优秀方案奖。
北京安贞医院外科综合楼：
2004年公司优秀工程设计奖一等奖；
第九届机械工业优秀工程设计一等奖；
中国机械工业科学技术三等奖。
北京小汤山医院二部：
2003年院优秀工程设计奖特等奖。
北京医院老北楼重建工程。
北京中宇大厦。
解放军总医院9051工程。
协和医院急诊、手术科室楼。

大连大窑湾海关集装箱检查系统建筑外观

大连大窑湾海关集装箱检查系统全景

中关村国际生命医疗园规划建筑外观之一

中关村国际生命医疗园规划建筑外观之二

中关村国际生命医疗园规划总平面图

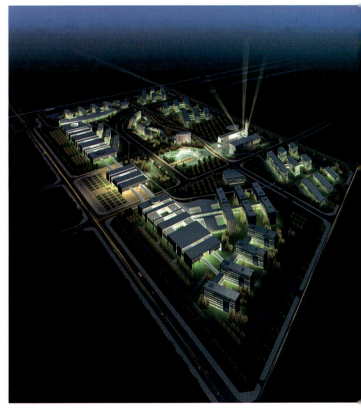

中关村国际生命医疗园规划鸟瞰

中国建筑学会青年建筑师奖获奖者作品集

江苏省人民医院外观之一

佛山市第一人民医院外景之一

江苏省人民医院外观之二

佛山市第一人民医院外景之二

佛山市第一人民医院内景

佛山市第一人民医院总平面图

北京医院老北楼重建工程外观

北京医院老北楼重建工程内景之一

北京医院老北楼重建工程内景之二

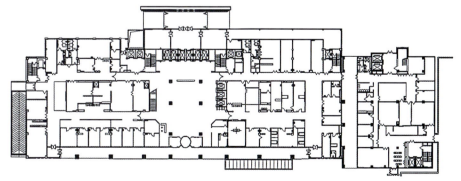

北京医院老北楼重建工程总平面图

中国建筑学会青年建筑师奖获奖者作品集

Wu Chen 吴晨

姓　　名：吴晨
性　　别：男
出生日期：1967年8月24日
工作单位：北京市建筑设计研究院
职　　称：英国皇家特许建筑师

个人简历（从大学起）
2005年至今：北京市建筑设计研究院，工作室主持人
1999年~2006年：英国泰瑞法瑞设计公司（Terry Farrell & Partners, TFP）先后担任：建筑师、项目建筑师、高级建筑师、联合董事、中国区董事。
2000年~2004年：清华大学建筑学院城市规划专业博士。
1999年：英国皇家特许建筑师，英国皇家建筑师学会会员。
1997年~1998年：英国西敏寺大学建筑学硕士（MA），英国皇家建筑师学会RIBA PartⅢ第三研究生学位。
1996年~1998年：英国理查德·罗杰斯事务所（Richard Rogers & Partners）建筑师。
1996年：英国皇家建筑师学会RIBA PartⅠ免试资格。
1995年~1997年：英国西敏寺大学建筑学院，英国皇家建筑师学会硕士（Diploma in Architecture, RIBA PartⅡ）。
1991年~1995年：中国国家建设部建筑师。

主要工程设计作品
中国石油大厦总部：建设部奖科技创新奖（申报中）
中海广场：
第十届首都规划建筑设计汇报展十佳设计方案奖。
北京前门大栅栏地区保护、整治、复兴城市设计：
第十一届首都规划建筑设计汇报展规划设计优秀奖。
南通博物苑：
北京市建筑设计研究院院设计一等奖。

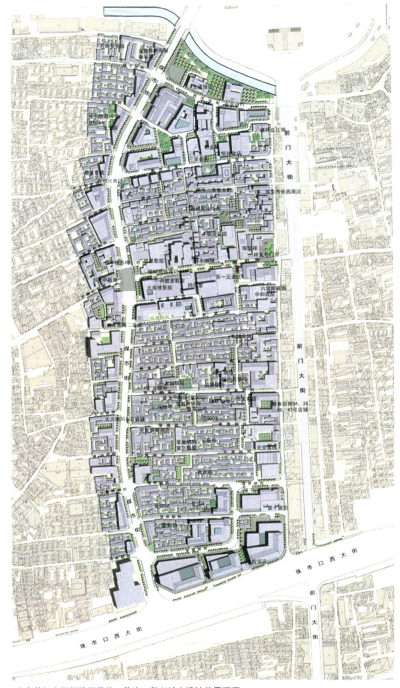

北京前门大栅栏地区保护、整治、复兴城市设计总平面图

172

北京前门大栅栏及东琉璃厂地区复兴城市设计街景之一

北京前门大栅栏及东琉璃厂地区复兴城市设计街景之二　　　　北京前门大栅栏及东琉璃厂地区复兴城市设计街景之三

北京前门大栅栏及东琉璃厂地区复兴城市设计街景之四

中国建筑学会青年建筑师奖获奖者作品集

新广州站内景之一

新广州站外景

新广州站内景之二

新广州站鸟瞰

新广州站一层总平面图

中海广场

中国石油大厦总部

中国石油大厦总部内景之一

中国石油大厦总部外景

中国石油大厦总部内景之二

中国石油大厦总部内景之三

中国石油大厦总部内景之四

Xiao Lan 肖蓝

姓　　名：肖蓝
性　　别：女
出生日期：1970年6月25日
工作单位：华森建筑与工程设计顾问公司
职　　称：副总建筑师

个人简历（从大学起）

1988年～1992年：天津大学建筑系建筑学专业，本科。
1992年～1995年：天津大学建筑系城市规划专业，获得硕士学位。
1995年～2000年：建设部建筑设计院（现中国建筑设计研究院）华森建筑与工程设计公司建筑师。
2001年～2003年：主任建筑师、建筑部副经理。
2004年～2005年：方案部经理。
2006年至今：副总建筑师、副总经理。

主要工程设计作品

深圳万科城市花园：1999年获全国第八届优秀工程设计金奖；
1998年获深圳市建设局颁发的深圳市建筑设计最高奖金牛奖。
深圳横岗振业假日庄园：1993年～2003年深圳市龙岗十年优秀建筑设计大赛中获三等奖。
深圳华为单身公寓小区：2004年获深圳市建设局颁发的深圳市第十一届优秀规划设计三等奖。
杭州中浙太阳国际公寓：2003年全国人居建筑规划设计方案竞赛中获综合大奖，并获建筑师奖。

杭州中浙太阳·国际公寓内景

杭州中浙太阳·国际公寓鸟瞰

杭州中浙太阳·国际公寓外观之一

杭州中浙太阳·国际公寓总平面图

杭州中浙太阳·国际公寓外观之二

深圳华为总部基地单身公寓小区外观之一

深圳华为总部基地单身公寓小区外观之二

深圳华为总部基地单身公寓小区外观之三

深圳万科城市花园外观之一

深圳万科城市花园外观之三

深圳万科城市花园外观之二

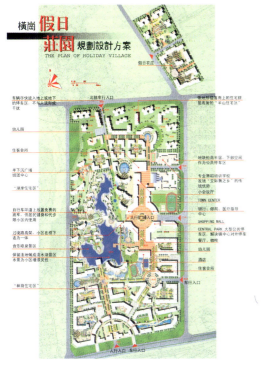
深圳横岗振业"假日庄园"总平面图

深圳横岗振业"假日庄园"鸟瞰

Zhao Jinsong 赵劲松

姓　　名：赵劲松
性　　别：男
出生日期：1968年8月10日
工作单位：天津大学建筑学院
职　　称：高级工程师

个人简历（从大学起）
1987年~1991年：太原工业大学建筑学专业，获工学学士学位。
1999年~2001年：天津大学建筑学院，获工学硕士学位。
2001年~2005年：天津大学建筑学院，攻读博士学位。
1991年~1993年：太原市城市规划研究院。
1993年~2001年太原市物产集团，后停薪留职分别在太原工业大学建筑设计研究院海南分院任建筑师、在王孝雄建筑设计事务所任副总建筑师。
2005年至今：天津大学建筑学院，教师、高级工程师、硕士生导师。

主要工程设计作品
山西文学馆：2000年获第二届全国电脑建筑画（含动画）大赛优秀奖。
西安明城墙连接工程设计竞赛：2003年获中国青年建筑师奖佳作奖。
晋城市图书馆：2004年获（大连）中国国际典范设计大赛三等奖。
北京国永融通软件研发中心：2005年中国威海国际建筑设计大奖赛银奖。
晋城市图书馆：2005年获中国威海国际建筑设计大奖赛优秀奖；
2006年"为中国而设计"环境艺术大赛入围奖。

山西文学馆外观

山西文学馆鸟瞰

晋城市图书馆透视图

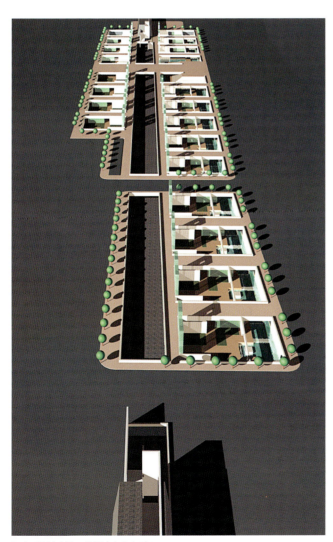

西安明城墙连接工程设计竞赛鸟瞰图

晋城市图书馆鸟瞰

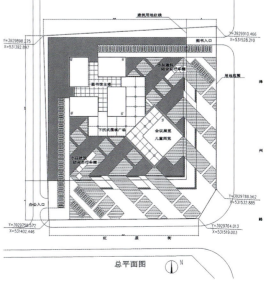

晋城市图书馆总平面图

中关村软件园国永融通研发中心外观之一

中关村软件园国永融通研发中心外观之二

中关村软件园国永融通研发中心内景之一

中关村软件园国永融通研发中心内景之二

中关村软件园国永融通研发中心内景之三

Qin Feng 秦峰

姓　　名：秦峰
性　　别：男
出生日期：1968年4月
工作单位：中国建筑西北设计研究院
职　　称：高级建筑师

个人简历（从大学起）
1986年~1990年：合肥工业大学建筑学系。
1990年~1993年：中国建筑西北设计研究院。
1993年~1996年：在西安、北京、上海等地从事建筑、室内设计与施工。
1996年~1999年：重庆建筑大学建筑城规学院。
1999年至今：中国建筑西北设计研究院。

主要工程设计作品
陕西省自然博物馆：
2000年中建西北院优秀方案一等奖；
中建总公司优秀方案一等奖。
西安博物院文物库馆：
2000年中建西北院优秀方案一等奖；
中建总公司优秀方案二等奖。
四川大学双流校区艺术学院大楼：
2003年中建西北院优秀方案一等奖；
中建总公司优秀方案一等奖。
重庆大学虎溪校区综合楼：
川陕革命纪念馆：
中国农业银行西藏分行办公楼：
2002年中建西北院优秀方案三等奖。
瑞祥、玉祥大厦：
2002年中建西北院优秀方案三等奖。

川陕革命纪念馆鸟瞰

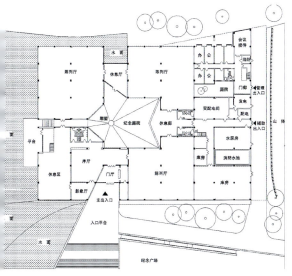
川陕革命纪念馆一层平面

川陕革命纪念馆纪念碑

川陕革命纪念馆总平面图

重庆大学虎溪校区综合楼平面图

川陕革命纪念馆外观之二

重庆大学虎溪校区综合楼庭院鸟瞰

重庆大学虎溪校区综合楼外观

185

陕西省自然博物馆外观之一

西安博物院文物库馆内景

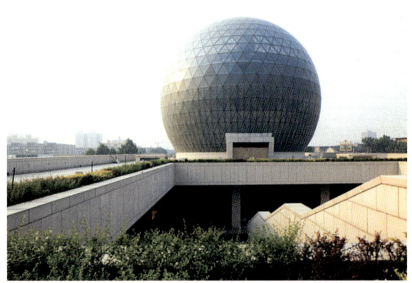

陕西省自然博物馆外观之二

西安博物院文物库馆外观

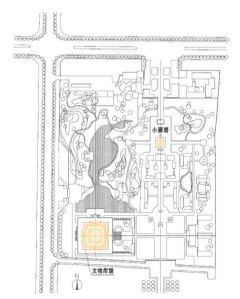

西安博物院文物库馆总平面

西安博物院文物库馆鸟瞰

四川大学双流校区艺术学院鸟瞰

四川大学双流校区艺术学院大楼西侧透视

四川大学双流校区艺术学院大楼总平面图

中国农业银行西藏自治区分行办公楼南侧透视

中国农业银行西藏自治区分行办公楼总平面图

187

Fu Shaohui 傅绍辉

姓　　名：傅绍辉
性　　别：男
出生日期：1968年3月26日
工作单位：中国航空工业规划设计研究院
职　　称：研究员

个人简历（从大学起）

1986年～1990年：天津大学建筑系，获学士学位。
1990年～1993年：天津大学建筑系，获硕士学位。
1993年～1994年：中房(集团)建筑设计事务所。
1994年至今：中国航空工业规划设计研究院。

主要工程设计作品

黑龙江科技馆：
黑龙江省优秀工程设计一等奖；
建设部城乡建设优秀勘察设计三等奖；
第3届中国建筑学会建筑创作奖佳作奖。
成都飞机设计研究所科研楼：中国航空工业优秀工程设计奖一等奖。

黑龙江科技馆大厅内景

黑龙江科技馆主入口

黑龙江科技馆夜景

黑龙江科技馆外观

嘉峪关科技馆外观

嘉峪关科技馆内景

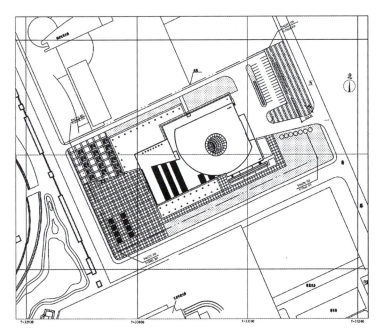

嘉峪关科技馆总平面图

成都飞机设计研究所科研楼1

西宁机场航站楼值机大厅内景

成都飞机设计研究所科研楼2

西宁机场航站楼候机大厅内景

西宁机场航站楼陆侧外观

成都飞机设计研究所科研楼3

西宁机场航站楼鸟瞰

中国建筑学会青年建筑师奖获奖者作品集

Ye Biao 叶彪

姓　　名：叶彪
性　　别：男
出年日期：1966年9月18日
工作单位：清华大学建筑设计研究院
职　　称：高级工程师

个人简历（从大学起）
1984年～1989年：清华大学建筑系本科学习。
1989年～1991年：清华大学建筑设计研究院工作。
1991年～1992年：香港何显毅事务所进修。
1992年至今：清华大学建筑设计研究院工作曾任建筑师、分院副院长、主任建筑师、设计所所长等。

主要工程设计作品
清华大学第六教学楼：北京第十届首都规划建筑设计公共建筑优秀设计方案奖公共建筑十佳设计方案第一名；
教育部优秀工程勘察设计三等奖。
1999'全国住宅方案设计竞赛：优秀方案设计二等奖。
福州软件园规划：教育部优秀工程勘察设计三等奖。
上海不夜城天目广场：第二届青年建筑师杯优秀奖。
河北三河燕郊开发区城市发展概念性总体规划：
2003年河北省重点镇规划设计特别创作奖。
中国电影博物馆方案设计：入围。
1998年中国建筑学会青年建筑师奖提名奖。

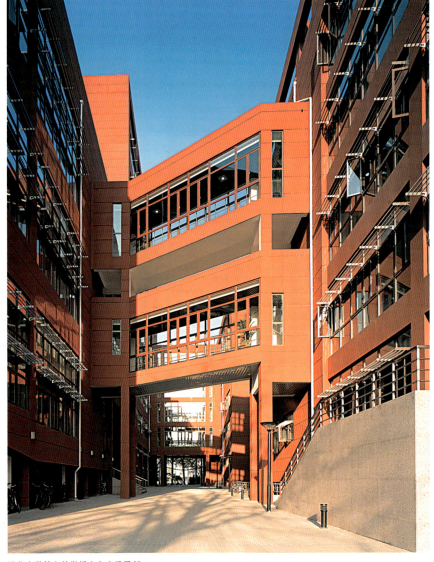

清华大学第六教学楼中心广场局部

清华大学第六教学楼西南立面

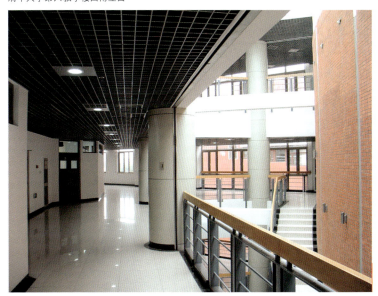

清华大学第六教学楼教室前区

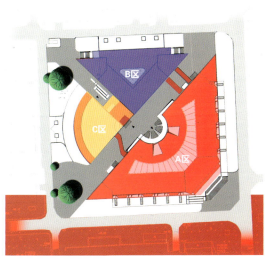

清华大学第六教学楼总平面图

清华大学第六教学楼下沉广场细部

中国建筑学会青年建筑师奖获奖者作品集

【项目名称】上海不夜城天目广场 【合作者】袁镔、庄维敏 【建筑地点】中国·北京、上海 【建筑规模】20万平方米 【设计时间】1993年 【获奖情况】第二届青年建筑师杯优秀奖
【设计理念】上海不夜城天目广场是上海火车站地区标志性的超高层建筑，建筑充分契合了上海城市的特质和文化氛围，一体现出深刻的建筑文化。

上海不夜城天目广场方案图

福州软件园规划总平面图

中国电影博物馆方案设计1

中国电影博物馆方案设计2

194

中国电影博物馆方案设计夜景鸟瞰

中国国家博物馆鸟瞰

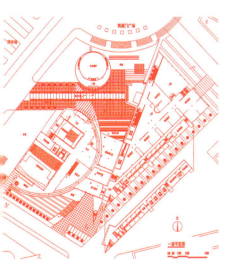
中国电影博物馆方案设计一层平面

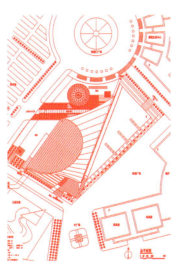
中国电影博物馆方案设计总平面

中国国家博物馆内院

中国国家博物馆内景

Fu Benchen 付本臣

姓　　名：付本臣
性　　别：男
出生日期：1974年4月23日
工作单位：哈尔滨工业大学建筑设计研究院
职　　称：建筑师

个人简历（从大学起）

1991年～1996年：哈尔滨建筑工程学院建筑系就读大学本科，获得建筑学学士学位。
1996年～1999年：哈尔滨工业大学建筑学院攻读硕士研究生，获得建筑学硕士学位。
1999年～2003年：哈尔滨工业大学建筑学院攻读博士研究生，获得工学博士学位。
1996年～2003年：哈尔滨工业大学建筑设计研究院建筑师，从事建筑创作研究和设计实践。
2003年～2006年：哈尔滨工业大学建筑设计研究院建筑师、院长助理，从事建筑创作并参与经营管理。
2006年至今：哈尔滨工业大学建筑设计研究院副总建筑师、院长助理，分管方案创作和国际业务合作。

主要工程设计作品

哈尔滨国际会展体育中心：
建设部优秀建筑设计一等奖；
黑龙江省优秀工程勘察设计一等奖。
哈尔滨市十佳优秀建筑。
黑龙江省图书馆新馆：建设部优秀建筑设计三等奖；
黑龙江省优秀工程勘查设计一等奖；
哈尔滨市十佳优秀建筑。
大连民族学院体育馆。
北京航宇大厦：院级建筑创作奖金奖。
新疆石油管理局机关办公楼。
五棵松文化体育中心。
北京四季滑雪馆。
外交学院昌平校区规划设计。
哈尔滨商业大学新校区规划。
响螺湾滨海财富中心。

响螺湾滨海财富中心外观

大连民族学院体育馆鸟瞰

哈尔滨国际会展体育中心外观

哈尔滨国际会展体育中心鸟瞰

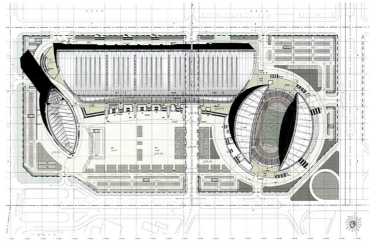

哈尔滨国际会展体育中心总平面图

中国建筑学会青年建筑师奖获奖者作品集

北京四季滑雪馆鸟瞰

北京四季滑雪馆总平面图

外交学院昌平校区规划设计外观

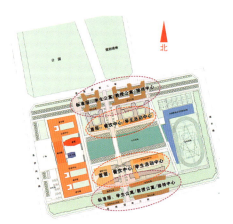

外交学院昌平校区规划设计平面图

哈尔滨商业大学新校区院系楼

哈尔滨商业大学新校区主广场

哈尔滨商业大学新校区建筑外观

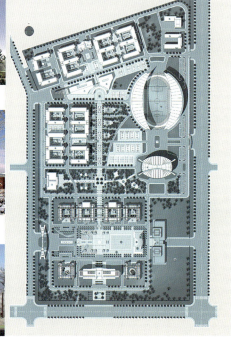

哈尔滨商业大学新校区平面图

黑龙江省图书馆新馆

五棵松文化体育中心篮球馆室外透视图

五棵松文化体育中心鸟瞰

五棵松文化体育中心篮球馆室内透视图

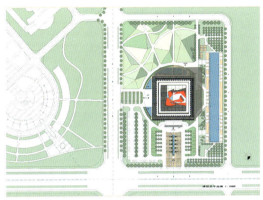

新疆石油管理局机关办公楼总平面图

新疆石油管理局机关办公楼外观之二

新疆石油管理局机关办公楼外观之一

Liu Yi 刘艺

姓　　名：刘艺
性　　别：男
出生日期：1974年3月24日
工作单位：中国建筑西南设计研究院四所
职　　称：建筑师

个人简历（从大学起）

1997年重庆建筑工程学院毕业，获建筑学学士学位。

2000年重庆建筑大学建筑城规学院研究生毕业，获建筑学硕士学位。

2000年～2004年中国建筑西南设计研究院建筑师。

2005年中国建筑西南设计研究院所副总建筑师。

2006年国家一级注册建筑师。

2006年四川建筑师学会第五届理事会理事兼副秘书长。

主要工程设计作品

西安明城墙北段连接工程方案竞赛：
2003年中国青年建筑师奖设计竞赛优秀奖（最高奖）。
南充大剧院：
2005年度中国建筑西南设计研究院优秀工程一等奖。
西南财经大学图书信息中心：
2005年度中国建筑西南设计研究院优秀工程二等奖。
国电大渡河流域梯级电站调度中心：
2005年度中国建筑工程总公司优秀方案设计二等奖。
成都市南部副中心科技创业中心：
2005年度中国建筑工程总公司优秀方案设计一等奖。
四川广电中心。

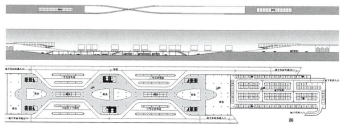

西安市明代城墙北段连接工程地下层平面图

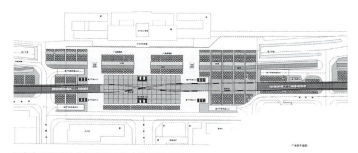

西安市明代城墙北段连接工程广场层平面图

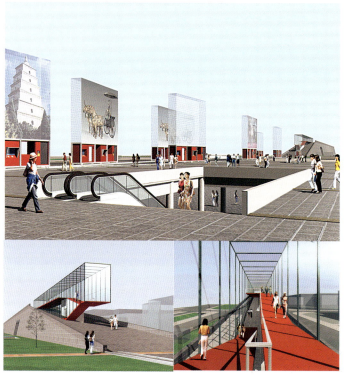

西安市明代城墙北段连接工程媒体广场·电子城墙

国电大渡河流域梯级电站调度中心总平面

国电大渡河流域梯级电站调度中心鸟瞰

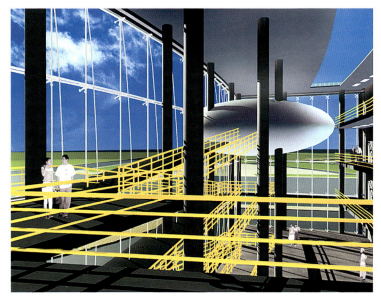

阳光教育园区科技孵化楼内景

阳光教育园区科技孵化楼外观

阳光教育园区科技孵化楼主景

成都市南部副中心科技创业中心会议接待中心施工现场

成都市南部副中心科技创业中心施工现场

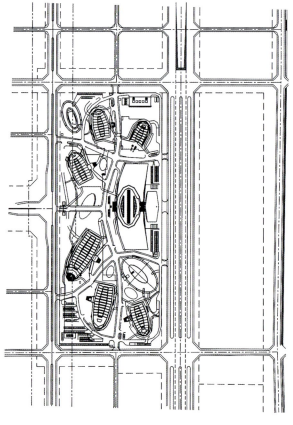

成都市南部副中心科技创业中心总平面图

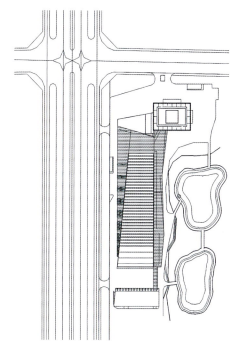

四川广电中心总平面

四川广电中心鸟瞰

西南财经大学图书信息中心

Zhu Tielin 朱铁麟

姓　　名：朱铁麟
性　　别：男
出生日期：1967年8月13日
工作单位：天津市建筑设计院
职　　称：正高级建筑师

个人简历（从大学起）
1985年~1989年：天津大学建筑系学习。
1989年至今：天津市建筑设计院工作。
2000年~2001年：法国雷恩市布列塔尼建筑学院学习并在雅克费尔叶建筑师事务所工作。

主要工程设计作品
平津战役纪念馆：
国家优秀工程设计银奖；
建设部优秀设计二等奖；
天津市优秀工程设计一等奖。
广州开发区外商活动中心：
天津市优秀工程设计一等奖。
天津罗马花园住宅区：
天津市优秀工程设计二等奖。
京津高速公路接待中心：
天津市优秀工程设计二等奖。
天津外商投资企业活动中心：
天津市优秀工程设计三等奖。
天津市东海商厦：
天津市优秀工程设计三等奖。
天津医大总医院外科中心：
天津市优秀工程设计奖。
天津市耀华中学图书馆：
全国优秀教育建筑奖。
天津中华剧院：
天津市建筑设计院优秀设计一等奖。
天津人才科技大厦：
天津市建筑设计院优秀设计一等奖。

天津罗马花园住宅区外观之一

天津罗马花园住宅区外观之二

平津战役纪念馆鸟瞰

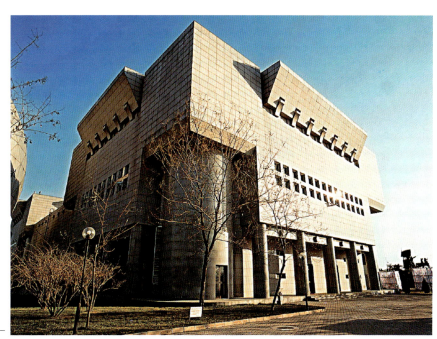
平津战役纪念馆外观之一

平津战役纪念馆外观之二

中国建筑学会青年建筑师奖获奖者作品集

天津医大总医院外科中心建筑外观

天津医大总医院外科中心鸟瞰

天津中华剧院内景之一

天津中华剧院内景之二

天津中华剧院外观

天津人才科技大厦总平面图

天津人才科技大厦外观之二

天津外商投资企业活动中心外观

天津人才科技大厦外观之一

Du Song 杜松

姓　　名：杜松
性　　别：男
出生日期：1970年10月31日
工作单位：北京市建筑设计研究院
职　　称：高级建筑师

个人简历（从大学起）
1990年～1995年：西安建筑科技大学建筑学院建筑学专业，获建筑学学士学位。
1995年～1997年：北京市建筑设计研究院总工办熊明工作室从事设计工作。
1997年～1998年：北京市建筑设计研究院海南分院工作。
1998年～1999年：北京市建筑设计研究院一所工作。
1999年～2000年：清华大学建筑学院建筑学工程硕士进修班学习，合格毕业。
2000～2006年：北京市建筑设计研究院一所工作兼管北京市建筑设计研究院海南分院工作，任一所副所长兼海南分院常务副院长。

主要工程设计作品
北京光大国信大厦：北京市建筑设计研究院优秀工程三等奖。
博鳌金海岸温泉大酒店：
海南省优秀建筑设计一等奖；
北京市建筑设计研究院优秀工程一等奖；
北京市优秀工程设计奖一等奖；
建设部优秀勘察设计奖二等奖；
国家第十届优秀工程设计奖银奖；
第三届中国建筑学会建筑创作奖佳作奖。
博鳌亚洲论坛会议中心及索菲特大酒店：
北京市建筑设计研究院优秀方案二等奖；
北京市建筑设计研究院优秀工程一等奖；
北京市优秀工程设计奖一等奖。
中国美术学院校园整体改造：
北京市建筑设计研究院优秀工程一等奖；
北京市优秀工程设计奖一等奖。
中国海关总署办公楼改建：北京市建筑设计研究院优秀工程三等奖。

中国海关总署办公楼外观

中国美术学院校园正立面

中国美术学院校园外观之一

中国美术学院校园外观之二

中国美术学院校园内景

博鳌亚洲论坛会议中心及索菲特大酒店总平面图

博鳌亚洲论坛会议中心及索菲特大酒店外观之一

博鳌亚洲论坛会议中心及索菲特大酒店外观之二

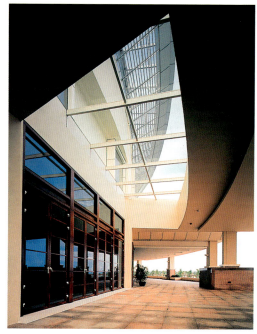

博鳌亚洲论坛会议中心及索菲特大酒店内景之一

博鳌亚洲论坛会议中心及索菲特大酒店内景之二

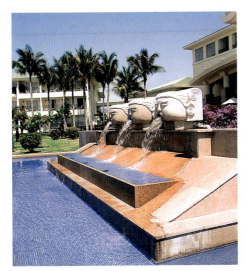

博鳌金海岸温泉大酒店外景之一

博鳌金海岸温泉大酒店外景之二

博鳌金海岸温泉大酒店内景

博鳌金海岸温泉大酒店外景之三

博鳌金海岸温泉大酒店鸟瞰

Zhang Bin 张斌

姓　　名：张斌
性　　别：男
出生日期：1968年10月13日
工作单位：同济大学建筑设计研究院
职　　称：高级工程师

个人简历（从大学起）

1987年～1992年：同济大学建筑系建筑学学士。
1992年～1995年：同济大学建筑城规学院建筑学硕士。
1995年～1997年：同济大学建筑城规学院助教。
1995年　国家一级注册建筑师。
1997年～2002年：同济大学建筑城规学院讲师。
1999年～2000年：入选中法交流项目"150名建筑师在法国项目，法国巴黎Paris-Villemin建筑学院进修，法国Architecture Studio事务所实习。
2001年至今：《时代建筑》专栏主持人。
2004年至今：同济大学建筑设计研究院致正建筑工作室主持建筑师。
2004年至今：同济大学建筑城规学院客座评委。

主要工程设计作品

上海静安寺广场综合体：2001年度上海市优秀工程设计优秀建筑专业二等奖；
2004年中国建筑学会第三届建筑创作奖佳作奖。
同济大学建筑与城市规划学院C楼：
2004年WA中国建筑奖佳作奖。
同济大学中法中心。
东莞广播电视中心。

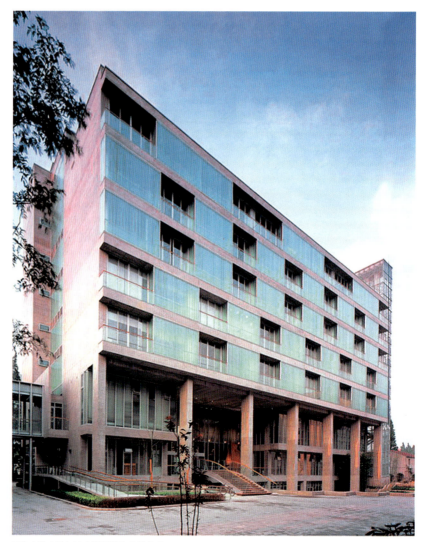

同济大学建筑与城市规划学院C楼外观

上海静安寺广场鸟瞰

上海静安寺广场局部

同济大学中法中心外观

东莞广播电视中心总平面

同济大学中法中心内景

同济大学中法中心外景

东莞广播电视中心外景

Chen Ying 陈缨

姓　　名：陈缨
性　　别：女
出生日期：1969年11月13日
工作单位：华东建筑设计研究院
职　　称：高级工程师

个人简历（从大学起）

1998年~1993年：同济大学本科。
1993年~至今：华东建筑设计研究院。
1996年~1999年：同济大学研究生。
2000年~2001年：参加"50位中国建筑师在法国"项目赴法进修，工作于让·努维尔建筑设计事务所。

主要工程设计作品

上海大剧院：上海市优秀设计一等奖。

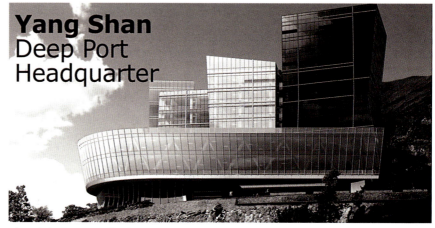

洋山深水港一期工程港区管理中心外观之一

洋山深水港一期工程港区管理中心外观之二

福建大剧院总平面

福建大剧院外观

福建大剧院内景

上海大剧院中剧场

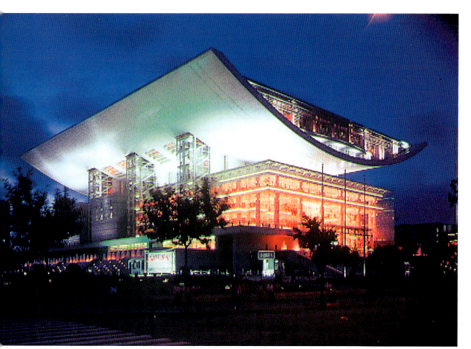

上海大剧院夜景

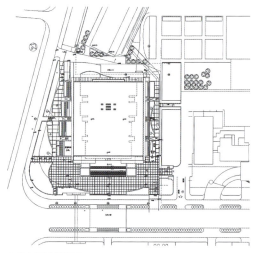

上海大剧院总平面

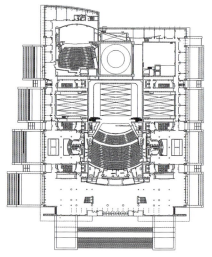

上海大剧院四层平面

218

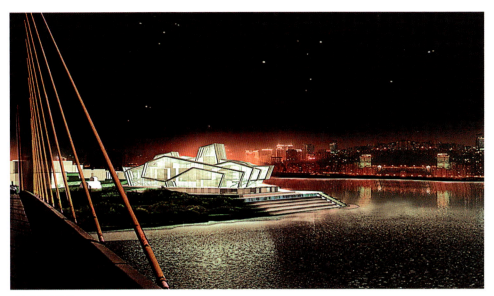

重庆大剧院外景

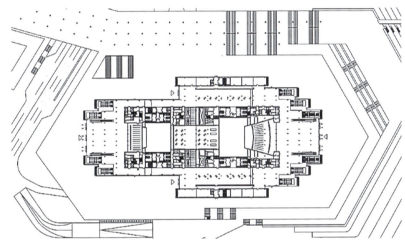

重庆大剧院一层平面图

重庆大剧院大剧场观众厅

Li Yinong 李亦农

姓　　名：李亦农
性　　别：女
出生日期：1970年8月27日
工作单位：北京市建筑设计研究院
职　　称：主任建筑师

个人简历（从大学起）

1989年～1994年：清华大学建筑学院建筑学学士。
1994年～1997年：清华大学建筑学院城市规划系城市规划与设计专业硕士。
1997年～1999年：北京房屋建筑设计院建筑师。
1999年至今：北京市建筑设计研究院六所，曾任副主任建筑师，6-A-1建筑工室副室主任，现任6-A-3建筑工作室室主任，主任建筑师，国家一级注册建筑师。

主要工程设计作品

望京A4区组团及单体：
1999年度第六届首都建筑设计汇报展居住区规划设计优秀方案奖（专家评选）（北京市级）。
望京A4平台及车库：
2003年度北京市建筑设计研究院优秀工程奖（院级）三等奖。
奥林匹克公园规划：
2002年获北京奥林匹克公园规划设计方案征集优秀奖（国际招投标）；
2002年度北京市建筑设计研究院优秀工程奖（院级）一等奖。
北京市燃气集团生产指挥调度中心：
2004年度北京市建筑设计研究院优秀工程奖（院级）一等奖；
2005年度北京市第十二届优秀工程设计（北京市级）三等奖。
望京A4区规划设计研究：
2004年度北京市建筑设计研究院科学技术奖（院级）三等奖。

奥林匹克公园规划设计

北京佳汇国际中心内景之一

北京佳汇国际中心内景之二

北京佳汇国际中心外观

北京燃汽集团生产指挥调度中心外观

北京燃汽集团生产指挥调度中心外观局部

北京燃汽集团生产指挥调度中心内景之一

北京燃汽集团生产指挥调度中心内景之二

北京燃汽集团生产指挥调度中心内景之三

金尊国际大厦鸟瞰

望京A4一区外观之一

望京A4一区外观之二

Lu Xiaoming 陆晓明

姓　　名：陆晓明
性　　别：男
出生日期：1968年5月17日
工作单位：中信武汉市建筑设计院
职　　称：正高职高级工程师

个人简历（从大学起）
1986年～1990年：华中理工大学建筑学系学习。
1990年～1991年：武汉市建筑设计院从事建筑设计。
1991年～1996年：武汉市建筑设计院深圳分院从事建筑设计。
1996年～1998年：受武汉市建筑设计院委派在日本IAO竹田设计株式会社研修。
1998年～2002年：武汉市建筑设计院从事建筑设计，从2000年起担任设计二所副所长。
2002年至今：武汉市建筑设计院从事建筑设计，任武汉市建筑设计院副总建筑师。
2002年～2004年：在华中科技大学建筑与城市规划学院修完硕士研究生课程，取得学位、学历。

主要工程设计作品
湖北剧场扩建工程：
湖北省优秀设计一等奖；
中华人民共和国建设部优秀设计二等奖；
中华人民共和国优秀工程设计铜奖；
武汉市建筑设计院院优秀设计一等奖。
深圳市人民检察院办公业务大楼：
武汉市建筑设计院院优秀设计三等奖。
香格里嘉园住宅：
武汉市建筑设计院院优秀设计二等奖。
都市经典住宅小区：
武汉市建筑设计院院优秀设计二等奖。

深圳人民检察院办公业务大楼外观

湖北剧场扩建工程鸟瞰

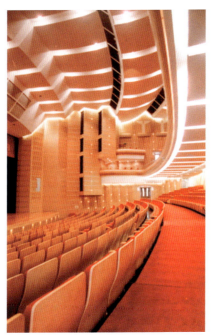

湖北剧场扩建工程内景之一

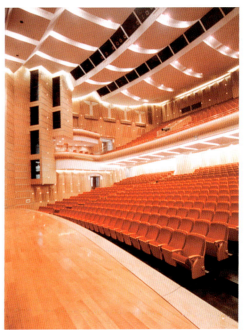

湖北剧场扩建工程内景之二

湖北剧场扩建工程内景之三

香格里拉嘉园建筑外观之一

香格里拉嘉园建筑外观之二

香格里拉嘉园建筑外观之三

香格里拉嘉园建筑外观之四

都市经典住宅小区总平面图

都市经典住宅小区建筑外观之一

都市经典住宅小区建筑外观之二

Huang Yong 黄勇

姓　　名：黄勇
性　　别：男
出生日期：1967 年 11 月 27 日
工作单位：哈尔滨工业大学建筑学院
职　　称：副教授

个人简历（从大学起）
1986 年～1990 年：哈尔滨建筑工程学院本科、工学学士。
1990 年～1997 年：河北省唐山市建筑设计研究院，建筑师、建筑设计二所副所长。
1997 年～2000 年：哈尔滨建筑大学建筑系，讲师、硕士研究生。
2000 年～2001 年：哈尔滨工业大学，博士研究生。
2001 年～2004 年：哈尔滨工业大学，副教授。
2004 年：哈尔滨工业大学建筑学院建筑系副主任、天作建筑研究所所长。

主要工程设计作品
北京奥运会奥林匹克公园规划：
2002 年国际竞赛优秀奖。
吉林市世纪广场：
2000 年黑龙江省优秀设计一等奖。
唐山市网球馆：
1997 年河北省优秀设计二等奖。
唐山市第一中学体育馆：
1999 年河北省优秀设计二等奖。
河北迁安博物馆：
1997 年河北省优秀设计三等奖。
白领丽人—都市休闲椅："建筑师杯"首届全国家具设计大赛一等奖。
哈尔滨何家沟景观规划设计：
2004 年国际竞赛一等奖。
哈尔滨新玛特休闲购物广场：
2006 年国际竞赛一等奖。
创新框轻住宅：
1992 年河北省创新住宅设计竞赛一等奖。
哈尔滨保利大剧院：
2005 年国际竞赛优胜奖。
云南大学体育馆：云南省十大特色建筑。

唐山市第一中学体育馆外景

唐山市第一中学体育馆内景

吉林市世纪广场景观之一

云南大学体育馆外观

吉林市世纪广场景观之二

云南大学体育馆内景

吉林市世纪广场景观之三

云南大学体育馆外观局部

哈尔滨新玛特休闲购物广场

哈尔滨何家沟景观鸟瞰

哈尔滨何家沟景观规划设计总图

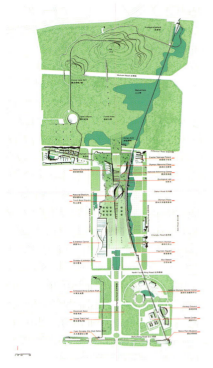

北京奥运会奥林匹克公园规划总图

哈尔滨保利大剧院鸟瞰

北京奥运会奥林匹克公园鸟瞰

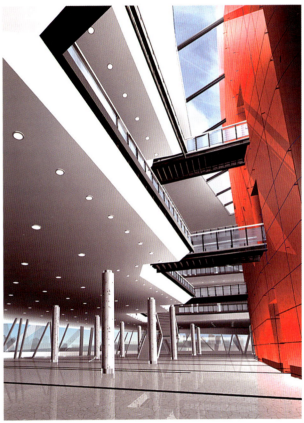

哈尔滨保利大剧院内景

唐山市网球馆

图书在版编目(CIP)数据

中国建筑学会青年建筑师奖获奖者作品集／周畅，米祥友主编－北京：中国建筑工业出版社，2007
 ISBN 978-7-112-09551-3

Ⅰ.中... Ⅱ.①周...②米... Ⅲ.建筑设计－作品集－中国－现代 Ⅳ.TU206

中国版本图书馆 CIP 数据核字(2007)第 133324 号

编　　辑：王　京
责任编辑：唐　旭　李东禧
版式设计：付金红
责任设计：崔兰萍
责任校对：刘　钰　孟　楠

中国建筑学会青年建筑师奖获奖者作品集
周畅　米祥友　主编
　＊
中国建筑工业出版社出版、发行 (北京西郊百万庄)
各地新华书店、建筑书店经销
北京广厦京港图文有限公司设计制作
北京盛通印刷股份有限公司印刷
　＊
开本 880×1230 毫米　1/16　印张：14¾　字数：455 千字
2007 年 9 月第一版　2007 年 9 月第一次印刷
印数：1—2000 册　定价：126.00 元
ISBN 978-7-112-09551-3
　　(16215)

版权所有　翻印必究
(如有印装质量问题，可寄本社退换)
(邮政编码 100037)